东南大学建筑学院毕业设计作品选集

（2015—2016）

东南大学建筑学院 编

东南大学出版社
·南京·

内 容 提 要

  本书是东南大学建筑学院 2015—2016 学年度本科毕业设计作品选集。东南大学建筑学院本科毕业设计采取教师学生双向自由选择的模式。建筑学、城乡规划和风景园林三个专业相互打通。本次毕业设计共涉及 17 个选题，涵盖城市研究、地段城市设计、建筑单体等各种类型。在毕业设计组织形式上，有多校联合毕业设计、校企联合设计、涉外毕业设计、卓工计划、教师自选等多种类型。成果要求上可以是研究报告、图纸、模型等。

  本书可供城市规划与设计、建筑设计、风景园林设计等相关领域的人士阅读，也可以作为高等院校相关专业的参考图书。

图书在版编目（CIP）数据

东南大学建筑学院毕业设计作品选集．2015—2016 /
东南大学建筑学院编．— 南京：东南大学出版社，2018.1
 INSB 978-7-5641-7005-9

 Ⅰ．①东…　Ⅱ．①东…　Ⅲ．①建筑设计 - 作品集 -
中国 - 现代　Ⅳ．① TU206

 中国版本图书馆 CIP 数据核字（2016）第 319791 号

东南大学建筑学院毕业设计作品选集（2015—2016）

出版发行	东南大学出版社
出 版 人	江建中
网　　址	http://www.seupress.com
电子邮箱	press@seupress.com
社　　址	南京市四牌楼 2 号
邮　　编	210096
电　　话	025-83793191（发行）　025-57711295（传真）
经　　销	全国各地新华书店
印　　刷	深圳市精彩印联合印务有限公司
开　　本	889mm×1194mm　1/16
印　　张	10.25
字　　数	380 千
版　　次	2018 年 1 月第 1 版
印　　次	2018 年 1 月第 1 次印刷
书　　号	INSB 978-7-5641-7005-9
定　　价	98.00 元

本社图书若有印装质量问题，请直接与营销部联系。电话（传真）：025-83791830

前　言

　　毕业设计是本科阶段学习成果和学生专业能力的集中体现，是学生综合运用本科学习四年半以来所掌握的价值判断、思维能力、技术方法、知识储备的一次综合性设计训练。与一般课程设计相比，具有时间跨度长、知识集成度高、设计情景复杂等特征。正因为如此，毕业设计教学成果在一定程度上也是一个学校本科教学质量的综合反映。

　　东南大学建筑学院的本科教学秉承"宽基础、强中干、多方向"的教学体系，在一二年级夯实专业基础、三四年级强化设计能力的基础上，毕业设计更侧重于多方向、跨学科的特征，主要体现在两个方面。一是契合建筑学院"大建筑学科"的发展思路，选题面向建筑学、城乡规划学和风景园林学三个专业，各个专业学生均可跨专业自主选择。选题内容不仅仅局限于实践性，也突出研究性，即使是工程导向型的设计选题，在设计过程中也设置了若干研究环节，为高阶学习打下坚实基础。二是强调国际、校企、校际的互动和联合，形式上也出现了企业毕业设计、多校联合毕业设计、海外毕业设计等新形式。联合毕设已经成为东南大学建筑学院毕业设计的重要载体，卓工计划下的校企合作、建筑学专业八校联合毕业设计、城乡规划专业六校联合毕业设计等联合毕设逐步涌现，已经成为毕业设计的重要类型之一。

　　经过多年实践，通过选题征集、教师与学生双向选择、开题、中期答辩、毕设答辩和展览等过程，东南大学建筑类毕业设计形成了一套系统性、规范化的教学流程，也取得了较为丰硕的成果。近三年来获得省优秀毕业设计（论文）奖2项、优秀毕业设计团队奖8项。同时，毕业设计成果在近年的中国人居环境学年奖评选、TEAM20海峡两岸毕业设计竞图等活动中也获得优异的成绩。

　　本书汇集了东南大学建筑学院2016年本科毕业设计的部分作品，涉及选题17个，涵盖城市规划与城市设计、建筑设计、景观设计等类型，是东南大学建筑类毕业设计成果的一次集中展示。

　　建筑学院的毕业设计将继续探索跨学科、多方向的发展路径。在已有的三个一级学科的基础上，与土木工程、环境科学等学科展开深度交叉整合；不断提高联合设计的广度和深度，让更多的学生参与到联合设计的过程中去，与设计机构和兄弟院校深入交流；依托国际化示范建筑学院的建设深化探索境外毕业设计的组织模式、成果控制等一系列措施；不断深化研究型设计，探索本科毕业设计和研究生设计课的互动等。

　　面对中国社会经济的发展进入新的发展阶段，如何在更为复杂多元的环境下探索可持续发展的建筑类教育，使得人才培养更加契合国家战略；如何通过毕业设计这一本科教学的关键环节去探索建筑类人才的培养模式，还有很多值得我们去做的。

目 录

联合毕设

1

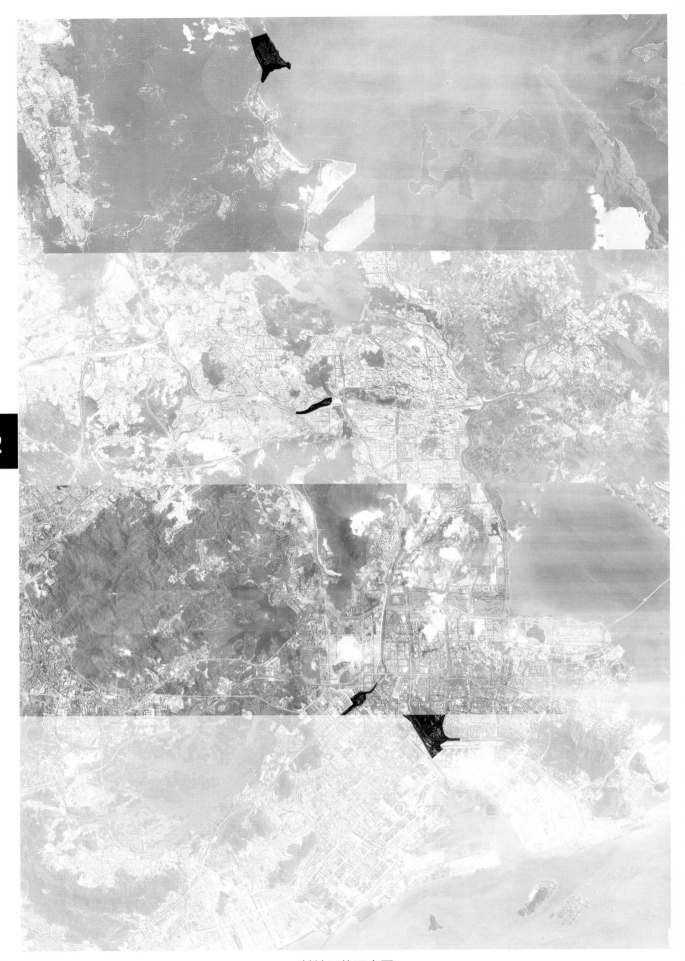

基地区位示意图

❶ 后边界——深圳二线关沿线结构织补与空间弥合

Post-Boundary
Structural Refabrication and Urban Renewal along Erxianguan, Shenzhen

指导教师： 夏兵 张彤 李飚 朱渊

选题意义

深圳二线关是国家设立的边境管理区域线，特指深圳特区与深圳市宝安、龙岗两区的隔离网和检查站。1979 年，中央批准建立深圳经济特区。二线关是相对于深圳与香港分界的一线关而言的，27.5km² 一线关和 90.2km² 二线关所围合的 327.5km² 区域，即为"深圳经济特区"。

二线关见证了深圳发展独特的历史进程，承载着城市和个人的记忆，是深圳与生俱来的城市胎记。除了历史价值外，二线关沿线还保留着华南地区富有特色的丘陵海岸地貌和耕作景观，具有重要的自然价值。在二线关的后边界时代，在弥补城市物理和心理裂痕的同时，保存和彰显其历史和自然价值，是本次毕设希望触及的专业内核。

选题背景

在深圳经济特区的发展过程中，二线关内外的土地政策、户籍制度、物价水平、产业类型、环境资源、市政服务和城市化水平不同，造成关内关外社会经济发展水平、市民身份认同和社会心理的差异，也造成了城市发展的结构分离与肌理断裂。

随着1997 年香港回归，深圳特区关内外实行一体化改革，在特区设立边界的必要性逐渐丧失。二线关的拆除，并不只是一个简单的动作。30 年发展的不均衡，以及二线关本身的隔离防护功能，使得关内外之间城市结构和肌理呈现明显的断裂；即便检查站拆除，关口地区仍然成为各主要交通线路的堵塞点；关内外社会心理的落差所产生的社会矛盾，更不是短时间内所能解决。

教学目标及要点

本次设计课题有五大教学主题：
1. 城市肌理的衔接与弥合：如何在城市功能、结构和肌理上衔接关内关外，织补断裂，弥合裂痕？
2. 非规划斑块（Informal Patches）的自组织生长：二线关沿线是深圳城中村、插花地较为集中的地带，也是研究城市自组织生长的典型标本。
3. 自然系统与开放空间：是否可以利用二线关撤除和改造的契机，修复生态环境，构建一条与自然系统关联的城市公共空间条带？
4. Inter-Hub：基础设施系统节点：关口撤销后，如何梳理和改造原本造成停滞的交通现状，合理地置换功能？
5. 历史记忆与人文关照：如何在关口地块改造和功能策划中保留历史印记，承载个人与城市的历史记忆？

设计成果

根据调研中发现的问题，在充分分析和论证的基础上，自行确定项目设计目标，拟定功能配置和规模。

原则上各课题组根据自己的设计问题、设计目标和任务要求，自行决定成果组成和形式，并需达到本校毕业设计的工作量和深度要求。

设计分为概念设计阶段和深化设计阶段成果。

教学流程与设计进度

第一周	第四周	第八周	第十三周	第二十三周	第二十四周

选题与教案设计
本年度毕设教案与调研基础资料准备

课题调研与毕设开题
南京：课题基础资料的收集与研究
深圳：集中调研、编制开题报告、论证开题
活动："二线关的后边界语境"："8+"联合毕设 WORKSHOP@深港城市\建筑双城双年展 UABB 大讲堂

南京：
东南大学中期答辩
以组为单位
针对调研阶段问题，提出策略性解答

南京：
以个人为单位
深化设计
依据概念设计阶段提出的策略，做出适宜、完善的技术解决方案

南京：
东南大学终期答辩

深圳：
深圳大学终期交流

场地认知 — 概念生成 — 策略提出 — 中期评图 — 技术支持 — 答辩讲评

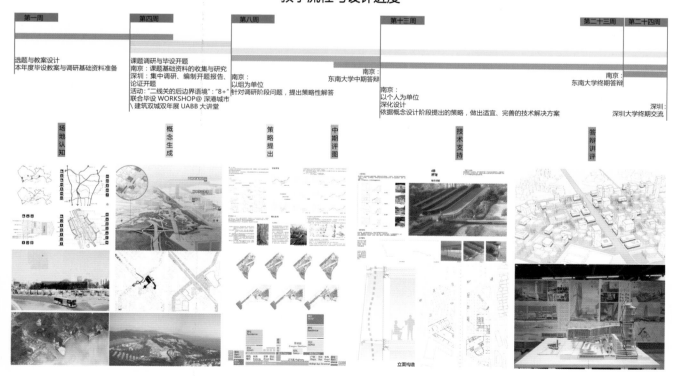

立面构造

后边界——深圳二线关沿线结构织补与空间弥合

东南大学建筑学院建筑系
指导教师：夏兵 张彤
　　　　李飚 朱渊

设计者：

唐蓉　　卓可凡

章骁

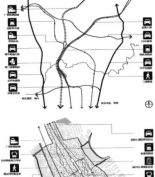

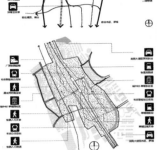

AFTER 城市生活综合体为连接的发展模式
City Mix Connecting
TOD Mode

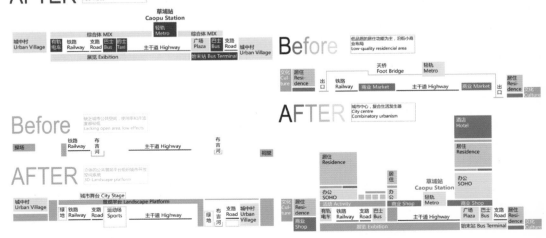

布吉桥
基于公共基础设施的新生活方式

后边界——深圳二线关沿线结构织补与空间弥合

公共空间透视图

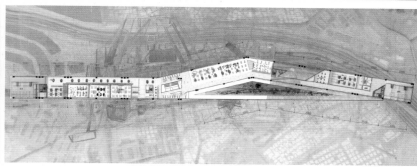

公共空间平面图1

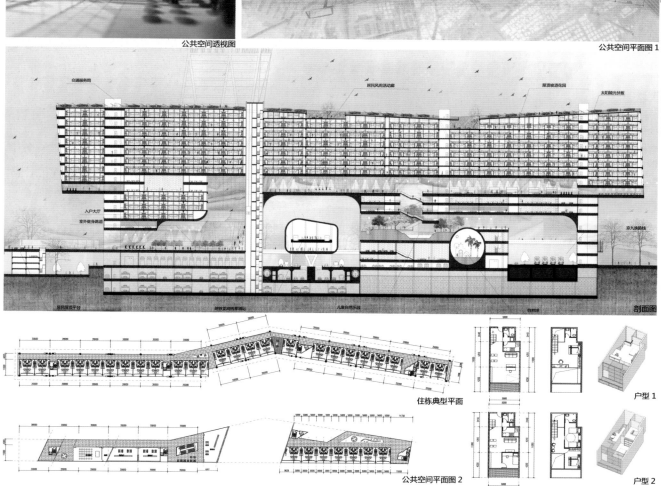

交通服务筒　居民风俗活动廊　屋顶疲游花园　太阳能光伏板

入户大厅　　　　　　　　　　　　　　　　　　京九线跨线

室外健身跑道

居民屋顶平台　　地铁龙岗线单轨站　儿童自然乐园　　　　行教线　　　　剖面图

住栋典型平面

户型1

公共空间平面图2

户型2

布吉·环

——布吉中心综合体设计

项目信息：

建筑面积：55000m²
建筑高度：24m
建筑层数：4 层

功能策划：

商场：30000m²
文化中心：10000m²
立体停车：15000m²

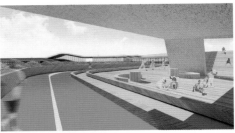

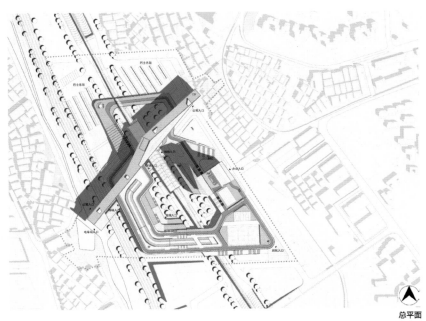

总平面

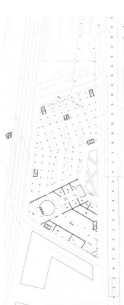

一层平面

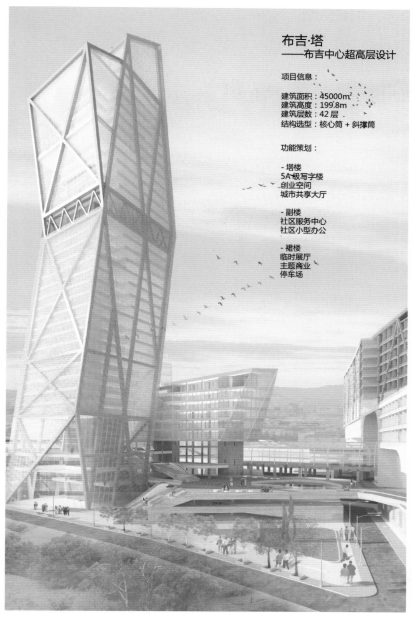

布吉·塔
——布吉中心超高层设计

项目信息：

建筑面积：45000m²
建筑高度：199.8m
建筑层数：42 层
结构选型：核心筒 + 斜撑筒

功能策划：

- 塔楼
5A级写字楼
创业空间
城市共享大厅

- 副楼
社区服务中心
社区小型办公

- 裙楼
临时展厅
主题商业
停车场

后边界——深圳二线关沿线结构织补与空间弥合

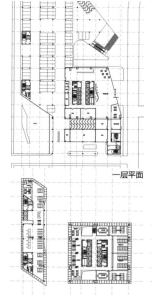

一层平面

二层平面

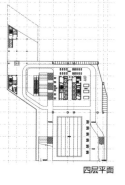

三层平面

四层平面

立面构造

低区办公平面

中区办公平面

高区办公平面

避难层平面

结构拆解

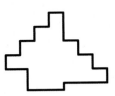

后边界——深圳二线关沿线结构织补与空间弥合

东南大学建筑学院建筑系
指导教师：朱渊 张彤
　　　　　李飚 夏兵
设计者：

管睿　　乔炯辰

吴昌亮

008

南头关

河之关

记忆之关

高架之关

铁路之关

生活之关

"零碎的城市荒地"

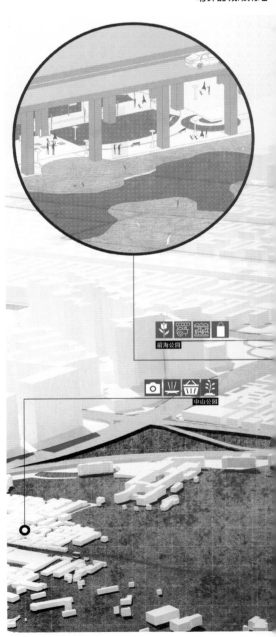

研究范围

策略一：拓宽河道，打造滨海水城

水域岸线

策略二：景观植入，从自然到人文

策略三：碎片整合，串联景观空间

设计范围

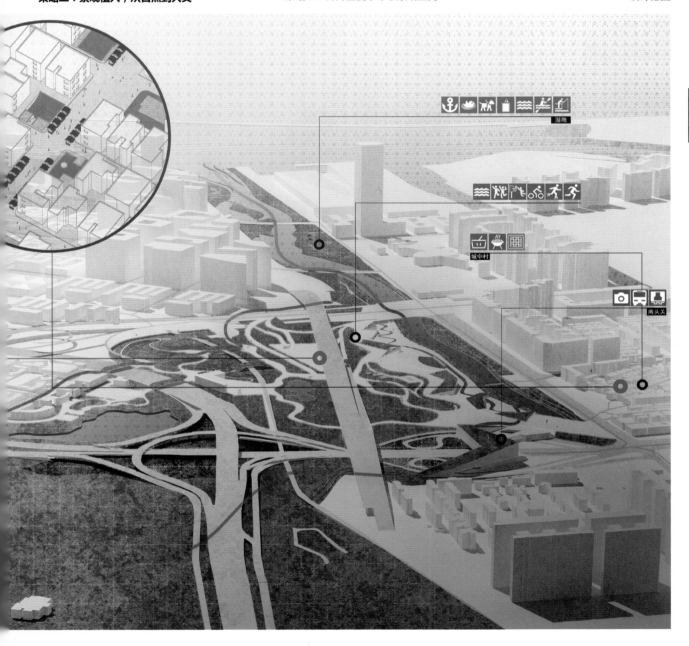

后边界——深圳二线关沿线结构织补与空间弥合

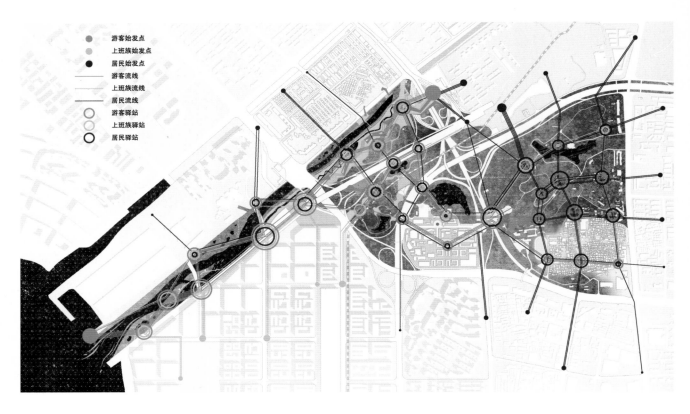

游客始发点
上班族始发点
居民始发点
游客流线
上班族流线
居民流线
游客驿站
上班族驿站
居民驿站

010

住宿单元 A   住宿单元 B   住宿单元 C   办公单元   公共空间单元

侧开门，内向开窗   侧开门，外向开窗   内向开门，外向开窗   侧开门，双向开窗   半开敞

公共空间 A   公共空间 B   公共空间 C   公共空间 D   办公空间   观演空间

烧烤店   比赛看台   奶茶店   观景台

开敞，附加地板   开敞，附加地板   开敞，附加地板   开敞，附加半跨   围合，附加半跨、地板   半开敞，附加半跨

 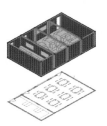 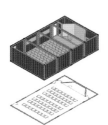 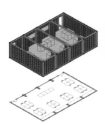

商业空间   大室内空间 A   大室内空间 B   大室内空间 C

     餐厅   讲演厅   多功能室

围合，附加一段、地板   围合   围合   围合

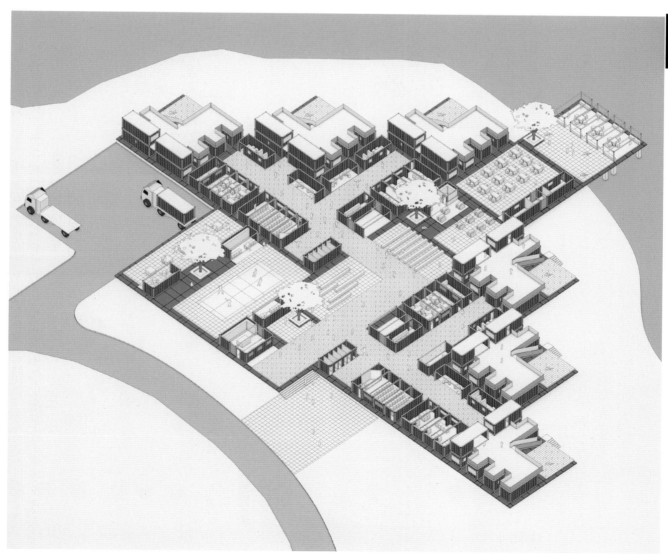

后边界——深圳二线关沿线结构织补与空间弥合

后边界——深圳二
线关沿线结构织补
与空间弥合

东南大学建筑学院建筑系
指导教师：朱渊 张彤
　　　　李彪 夏兵
设计者：

吴昌亮　　乔炯辰

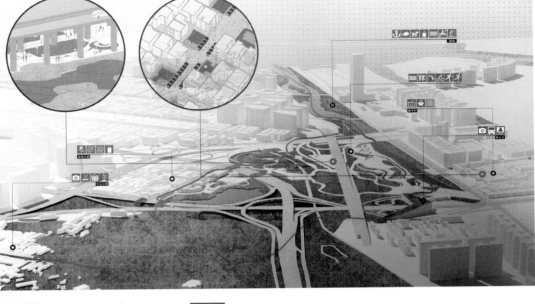

前期分析

概念解析

历史图像

"以景连关，破关成景"

系统分析

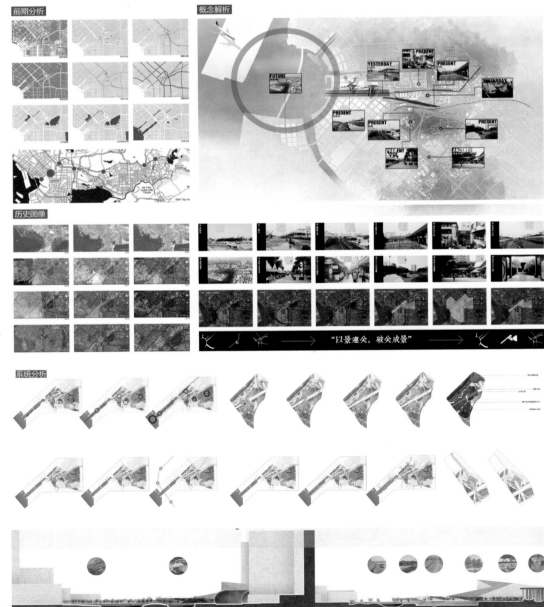

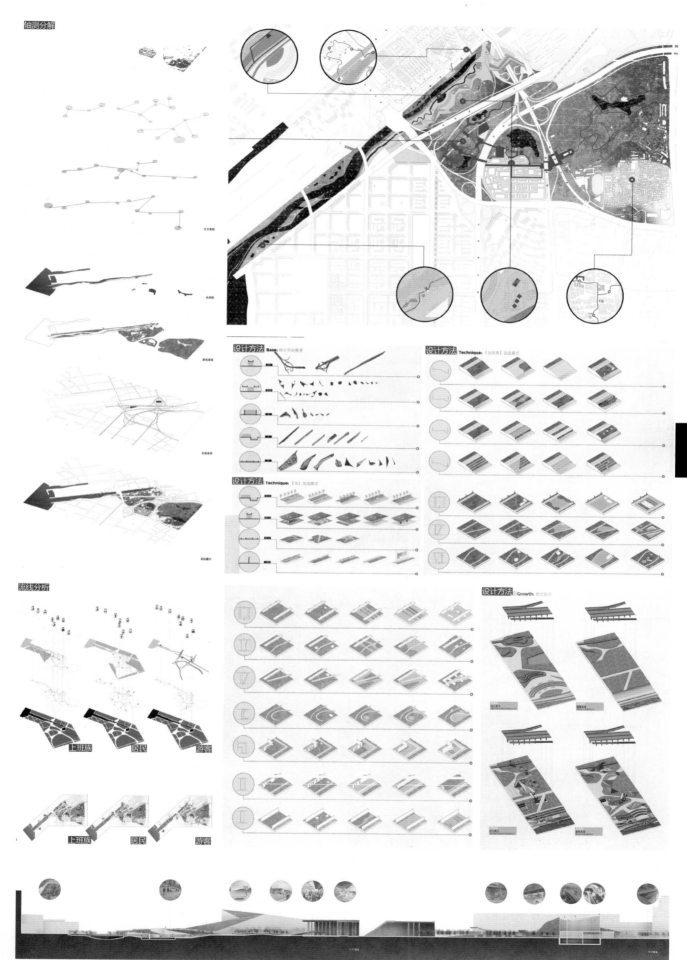

轴测分解

行为系统

水系统

景观系统

交通系统

系统叠分

流线分析

上班族　居民　游客

上班族　居民　游客

设计方法 Base: 碎片空间整理

设计方法 Technique:「实间界」改造模式

设计方法 Technique:「关」改造模式

设计方法 Growth: 样式拼合

后边界——深圳二线关沿线结构织补与空间弥合

景观之关节

总平面
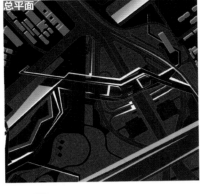

一层平面
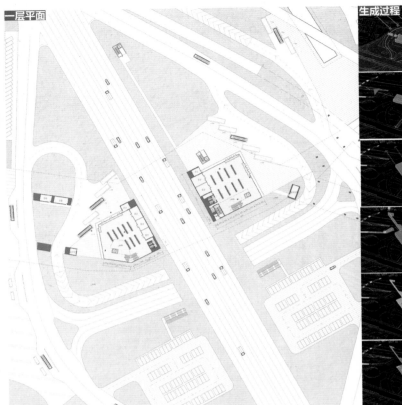

生成过程

南头旧关

垂直分层

对位变形

系统融合

连通场地

关系柔化

流线解析

公共活动人群

换乘人群

快速通过交通

公共交通

长途客运

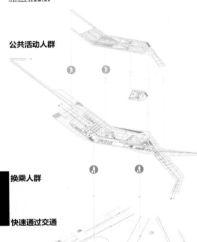

014

二层平面
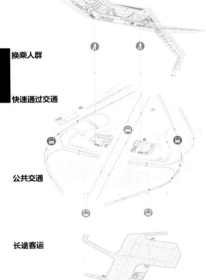

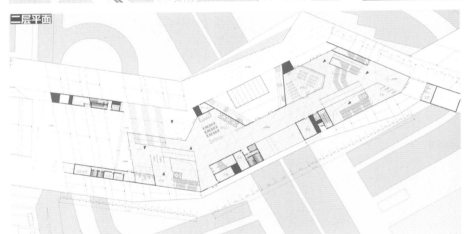

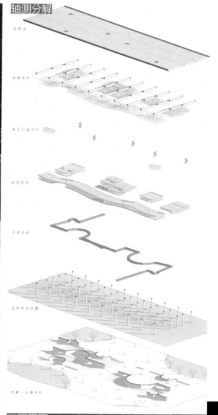

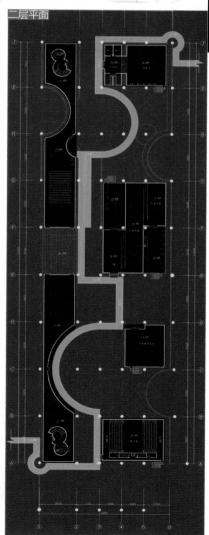

015

后边界——深圳二线关沿线结构织补与空间弥合

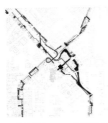

东南大学建筑学院毕业设计作品选集（2015—2016）

后边界——深圳二线关沿线结构织补与空间弥合

东南大学建筑学院建筑系
指导教师：李飚
设计者：

唐松　　李鸿渐

杨天民

016

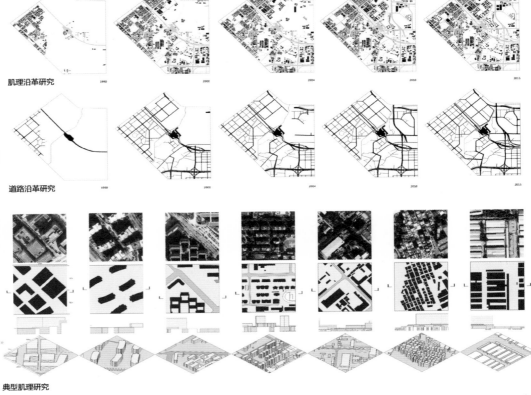

肌理沿革研究

道路沿革研究

典型肌理研究

场地剖面研究

高速路现状

业态分布

场地高差

总平面图

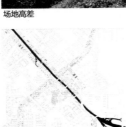

高速路

主要街网

保留历史遗迹

功能分区

生成设计部分

边界生长

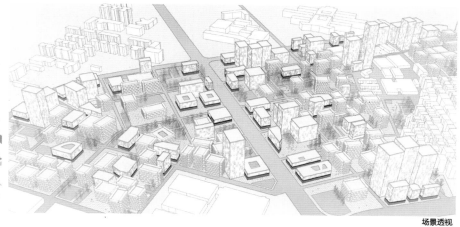
场景透视

场地现状

道路划分

生成过程

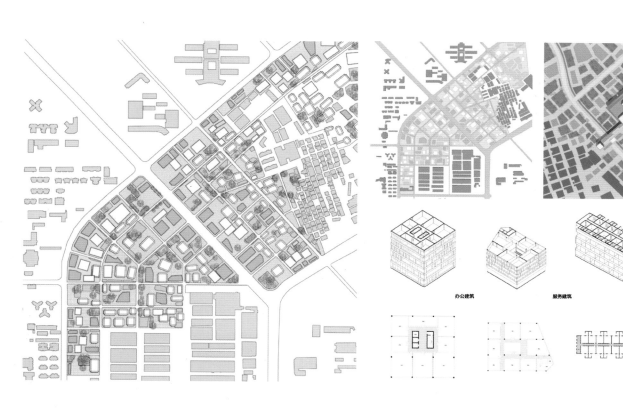

办公建筑　　　　服务建筑　　　　居住建筑

后边界——深圳二线关沿线结构织补与空间弥合

東南大学建筑学院毕业设计作品选集(2015—2016)

后边界——深圳二线关沿线结构织补与空间弥合

东南大学建筑学院建筑系
指导教师：张彤 李飚
　　　　　朱渊 夏兵

设计者：

孙世浩　　刘巧

罗文博

018

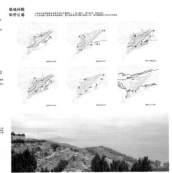

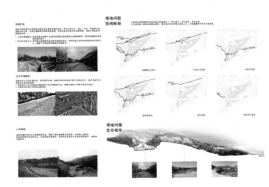

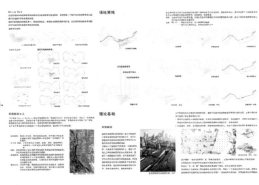

RE-CODING 溪涌
溪涌编码

二线关中溪涌关是一个特殊的关卡，具有丰富的自然特质和壮美的景观，能够成为城市活力的新起点。

在设计中我们希望能够将溪涌关打造成为一个充满活力的 reliving park，
我们的技术路径并不是完成一个静态的终端式的设计成果，它容纳在时间进程中的转变，容纳临时性、过程性和不确定性。

景观和环境的设计可以成为大尺度和时间进程中的控制方法、系统或策略。

我们运用一种秩序系统控制大尺度的地景和空间，使景观成为一种容纳和激发复杂的城市公共生活的媒介。

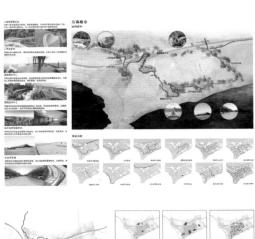

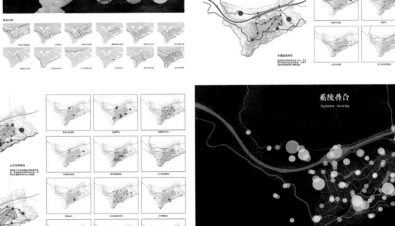

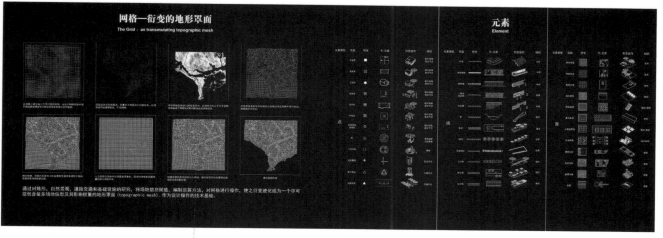

网格—衍变的地形罩面
The Grid : an transmutating topographic mesh

元素
Element

点　线　面

通过对地形、自然景观、道路交通和基础设施的研究，将场地信息赋值，编制运算方法，使网格进化成为一个尽可能包含多场地信息及其影响权重的地形罩面（topographic mesh），作为设计操作的技术基础。

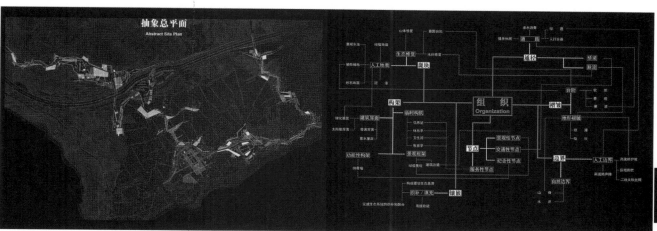

抽象总平面
Abstract Site Plan

组织
Organization

底块

构架

节点

联结

路径

顺接　断折

边界

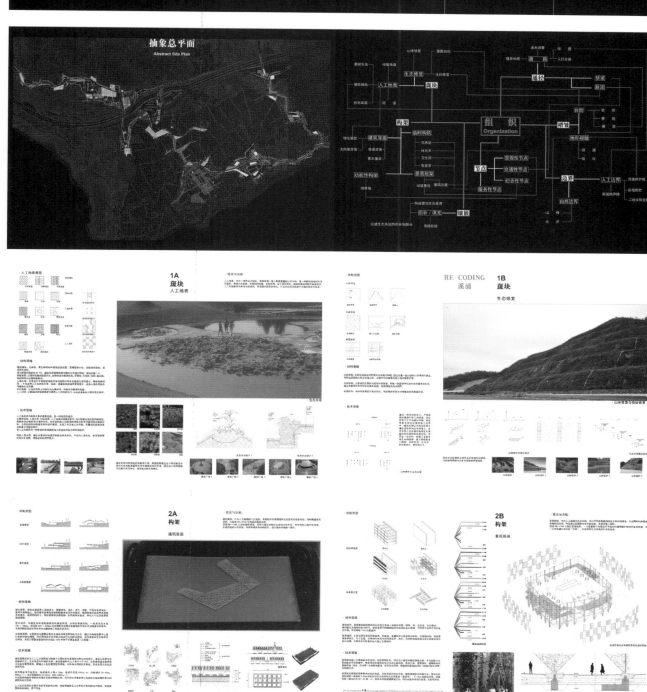

1A
斑块
人工地表

RE-CODING
1B
斑块
生态修复

2A
构架
建筑屋面

2B
构架
景观构架

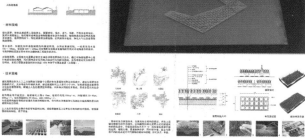

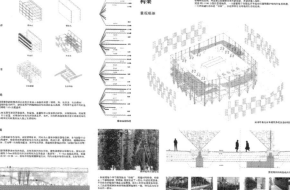

后边界——深圳二线关沿线结构织补与空间弥合

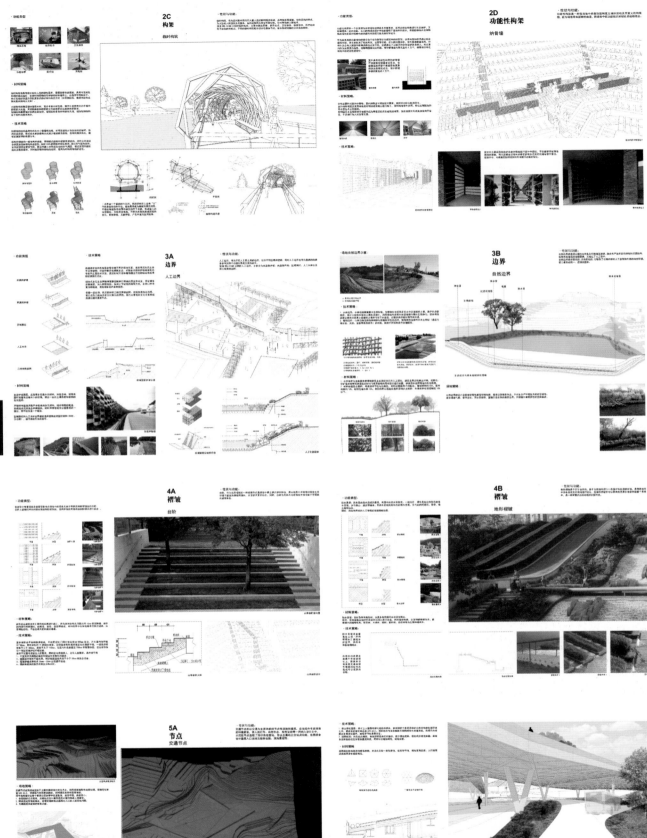

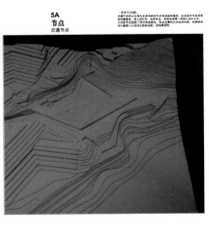

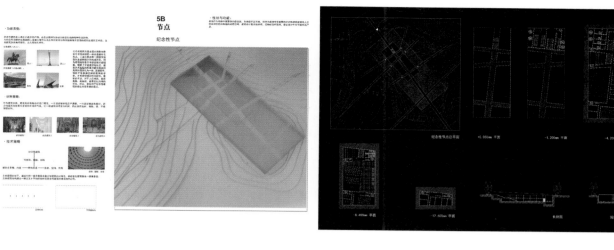

5B 节点
纪念性节点

5C 节点
景观节点

5D 节点
服务节点

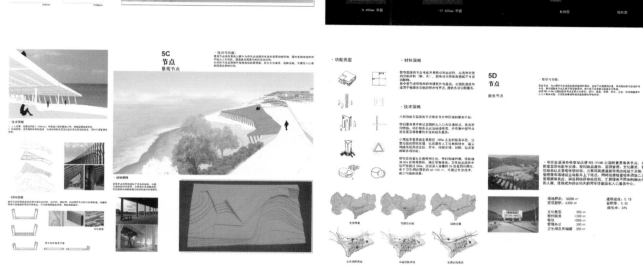

6A 通径
道路

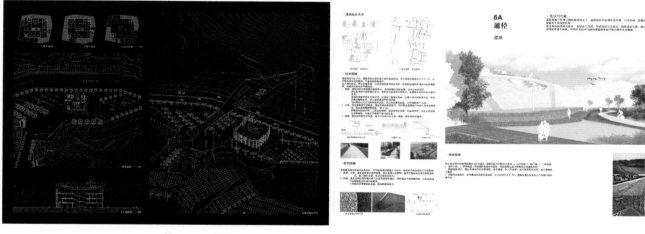

6B 通径

6C 通径
脉流

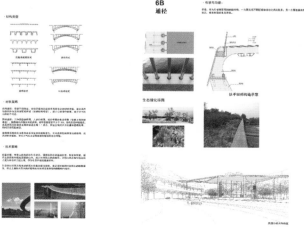

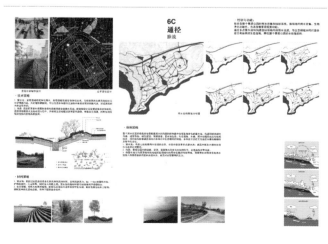

后边界——深圳二线关沿线结构织补与空间弥合

基地区位示意图

❷ 更好的城市社区生活

Better Community, Better Life

指导教师： 吴 晓　　巢耀明　　殷 铭

选题意义

在当前我国所面临的城市发展转型、规划学科转型以及专业教育转型的大背景下，城市更新成为时代主题。社区，是人们日常生活空间的基本单元，也是理解城市更新的基本空间载体和城市设计的研究对象。城市让生活更美好，关注社区日常生活空间，关注人，已经成为当今城市转型的基本理念和价值标准。本次课题以"更好的城市社区生活"为主题，选取重庆市渝中区下半城片区为研究对象。认知、理解并体验该历史地段的社会变迁过程，并通过城市诊断，分析其发展滞后成因，基于地方诉求，运用前沿理念和方法，提出治疗方案，从而探究适合渝中区下半城的城市更新之道。

选题背景

重庆渝中区作为重庆的核心地区，具有明确的战略发展任务：强化高端集聚、文化引领、创新推动、生态宜居、国际交流职能，展现历史文化名城、美丽山水城市、现代智慧都市风貌魅力。但也面临着严峻的转型升级问题，如产业转型难，传统优势行业外迁、高端新兴产业尚缺、外部竞争日益增强；城市转型难，交通瓶颈制约仍存、基础设施配套滞后，城市空间环境老化；社会转型难，阶层诉求相互交织等问题。选题关注的下半城地区作为重庆发展演变的"母城"，具有独特的区位与文化优势。其建成环境较密集，片区内适宜改造建设的土地资源较丰富，将成为渝中区未来发展的最重要载体之一。

教学目标及要点

1. 针对城乡规划专业本科毕业班学生的设计专业课，在学生已有的专业知识及城市规划相关专题训练的基础上，重点训练学生独立发现城市问题、分析问题，培养对城市社会与空间的综合诊断能力。系统掌握城市更新理论与城市设计实践结合的能力，并运用先进理念大胆提出城市更新策略；大胆构想与其社会、经济、文化、生态相匹配的当代城市社区生活愿景与整体规划策略。

2. 以认知城市和社区的空间切入点，培养体察社区生活，独立设计研究与团队协作的工作能力。

设计成果

1. 规划区域的发展背景（区位、交通、历史文化、特色资源）和既有规划（战略规划、控制性详细规划、交通规划、文化规划）研究；

2. 山水格局和用地敏感性分析；

3. 针对区域空间形态特征及重要特色资源的分析，确定总体城市设计结构框架；

4. 总体城市设计，其中包括耦合自然的土地利用布局与节能低碳的绿色交通规划；

5. 城市社会空间研究与城市文化空间重构策略研究；

6. 城市社区生活空间分析与营建，可纳入总体城市设计和重点地段城市设计；

7. 制定城市设计导则，提出建设时序安排及策略、措施。

  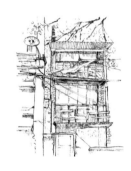 

教学流程与设计进度

第1-2周	第3-6周	第7-14周	第15-20周
前期研究：毕业设计开题报告编写、课程讲解、现状调研及解读	规划研究＋概念设计：城市设计概念、技术路线、方法；总体城市设计初步方案	深化重点地段设计	1. 毕业设计成果汇报与交流 2. 成果展示与出版

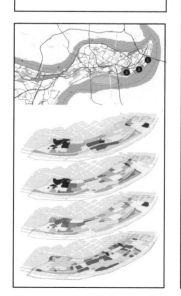 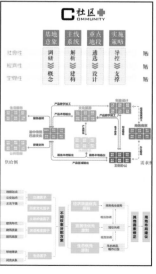  

023

更好的城市社区生活

六校联合毕设

东南大学建筑学院建筑系
指导教师：吴晓　巢耀明
　　　　　殷铭

设计者：

吴泽宇　金探花

廖航　　米雪

王孛丽　谢相宜

社会属性分析

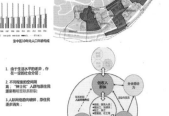

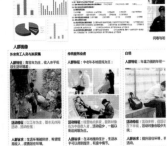

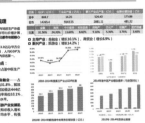

经济属性分析

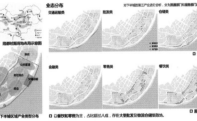

空间属性分析

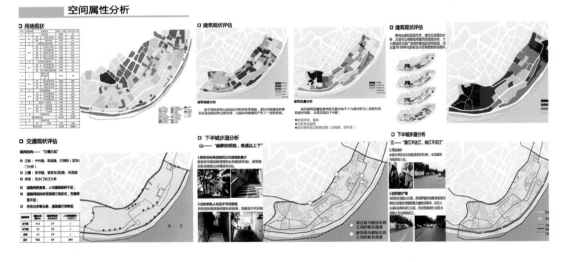

社会、经济、空间属性叠加分析

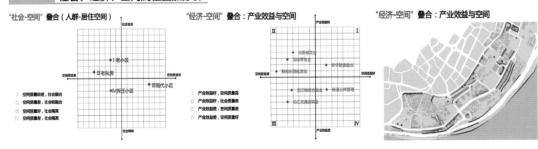

"社会-空间"叠合（人群-居住空间）　　"经济-空间"叠合：产业效益与空间　　"经济-空间"叠合：产业效益与空间

社区+：山江通廊
地段：人民公园至滨江
人群：原住民、游客
触媒项目（个数）：5
设计理念：绿廊联通、市场转型、社区活化

社区+：社区规划师
地段：融创白象街
人群：居民、社区规划师
触媒项目（个数）：6
设计理念：激活点穴、舒经通络、循环共生

社区+：市井生活
地段：十八梯
人群：原住民、文创产业人员、游客
触媒项目（个数）：7
设计理念：商市重现、街巷复兴、社群重构

社区+：文化复兴
地段：湖广会馆
人群：居民、文创产业人员、游客
触媒项目（个数）：6
设计理念：文化复兴、复合联系、社区唤活

C社区+
OMMUNITY

一种营造社区的语言：社区更新目标
与路径的统一

更好的城市社区生活

山上居居桃李花，
云间烟火是人家。
城隅金银来负米，
长刀短笠去烧畲。

社会性系统解析与建构

人文传承　文化断裂:破裂的城市文脉与历史资源如何织补?

下半城历史价值意象

规划策略:历史资源的 串点成线、整合成面

人文传承　社区区隔:原有的居民构成和社会网络如何重构?

下半城社会分异

规划策略:社会圈层的 三圈并置 多阶相融

经济性系统解析与建构

经济发展　产业低效:低效的现存产业和经济发展模式如何升级?

下半城产业生态圈

规划策略:产业布局的 三带连横 集聚升级

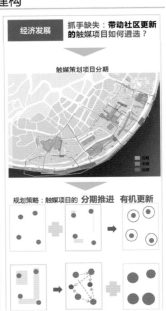

经济发展　抓手缺失:带动社区更新的触媒项目如何遴选?

触媒策划项目分期

规划策略:触媒项目的 分期推进 有机更新

空间性系统解析与建构

环境提升　用地失衡:混杂的城市用地如何优化?

用地功能适应性评估

规划策略:功能结构的 轴带纵横、三圈并置

环境提升　交通不畅:零碎的城市慢行系统如何组织?

步行系统组织策略——城之巷

规划策略:慢行体系的 四轴合纵、一带串联

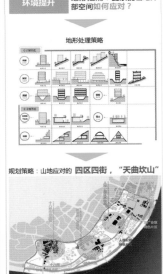

环境提升　地形阻隔:复杂的山地外部空间如何应对?

地形处理策略

规划策略:山地应对的 四区四街,"天曲坎山"

首先建立研究框架,针对人文传承、经济发展、环境提升三大系统,分别通过提出现存问题,进行专题研究,制定规划策略,建立系统结构进行解析。

通过七大专题分别对历史沿革、社会分异、产业规划、触媒策划、用地潜力、慢行组织和山地应对提出相应的研究。

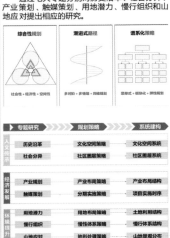

综合性规划　渐进式路径　谱系化策略

专题研究	规划策略	系统建构
历史沿革	文化空间策略	文化空间系统
社会分异	社区圈层策略	社区圈层系统
产业规划	产业布局策略	产业布局结构
触媒策划	分期实施策略	项目实施时序
用地潜力	用地布局策略	土地利用结构
慢行组织	慢行体系策略	慢行体系结构
山地应对	地形处理策略	山地景观分布

规划理念——目标和路径

概念《《印象　基地意象

建构《《解析　主线系统

设计《《遴选　重点地段

支撑《《导控　实施策略

社区更新目标
——更好的城市社区生活

社区更新路径
——面向社区更新的多功能叠合

社区 COMMUNITY

更提升的环境
山地空间的更新

更发展的经济
产业层次的整合

更和谐的社会
社会阶层的容融

发展目标:

阶融:社会更和谐——社会与文化的可持续发展
使不同社会阶层,具有不同社会经济地位的社群彼此相容相融,社会关系不遭受破坏,新老居民和谐共处;在文化方面社会文化得到传承,历史要素可以得到回溯。

阶合:经济更发展——与上半城协同错位经济复苏
大力保护和发展传统产业,延续当地产业文化和地方特色;不同层次的产业,通过不同经营业态和经济模式,改善下半城地区经济发展现状,促进经济复苏。

阶连:环境更提升——物质载体更新及功能性匹配
根据城市发展以及当地居民的需求对于城市物质空间进行改造,通过灵活多样的山地应对模式,串联外部空间,整合建筑聚落、建筑接地模式,实现物质空间与使用功能需求的相互匹配。

规划原则:

1. 综合性规划原则:
在规划设计过程中,希望社会性、经济性、空间性三个层面并重,遵循综合性规划原则。

2. 渐进式规划原则:
在具体实施方面,希望分时分阶,通过多情境,以及加入时间线的四维规划,将渐进式原则贯穿跨越不同时段的分期规划。

3. 谱系化规划原则:
将具体规划设计方法,以及触媒项目,进行菜单式入库,通过模块化以及弹性规划,进行具体的运用和实施,遵循谱系化规划原则。

社会分异

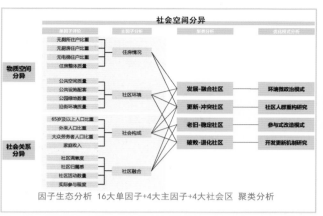

因子生态分析 16大单因子+4大主因子+4大社会区 聚类分析

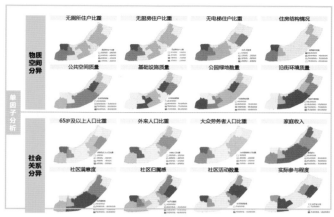

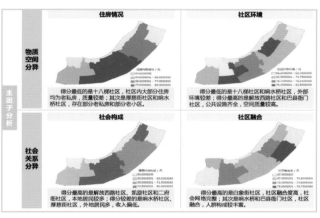

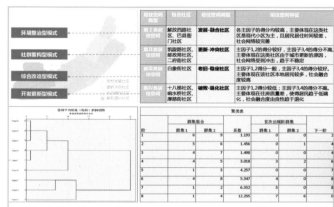

社会分异

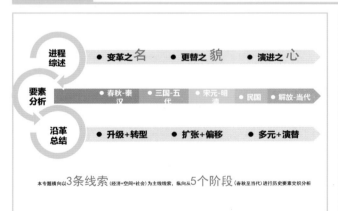

本专题横向以3条线索（经济+空间+社会）为主线索，纵向从5个阶段（春秋至当代）进行历史要素文脉分析

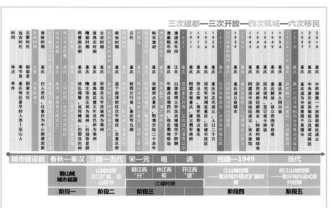

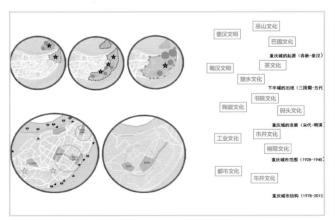

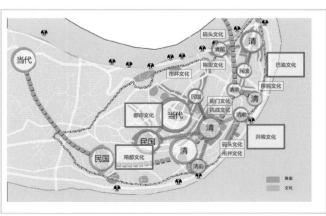

更好的城市社区生活

产业策划

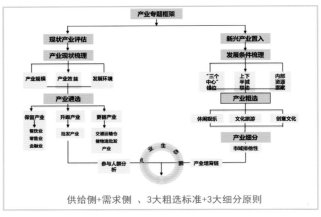

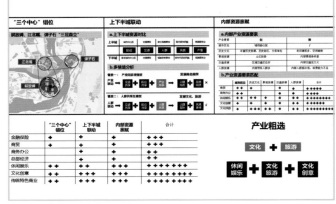

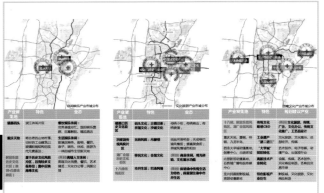

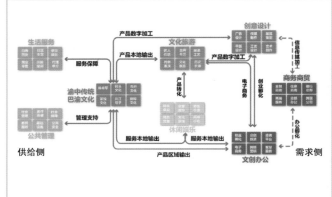

触媒策划

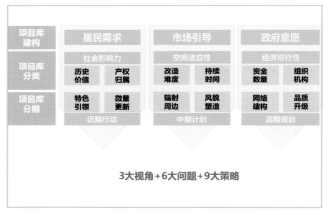

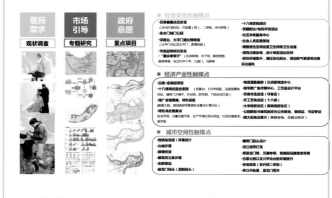

用地潜力

基于 GIS 数据平台，结合 5 大评估因子，形成 3 大价值导向，最终整合三类用地模式利弊进而形成关系明确的理想化用地布局模式。

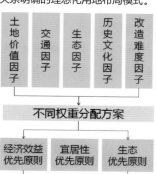

土地价值因子 交通因子 生态因子 历史文化因子 改造难度因子

不同权重分配方案

经济效益优先原则 宜居性优先原则 生态优先原则

用地布局建议

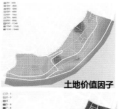
土地价值因子

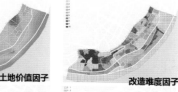
改造难度因子

交通因子 历史因子

生态因子

分别通过土地价值、交通、生态、改造难度、历史因子的不同权重叠合，得到效益优先、生态优先、居住优先、三种价值导向下的用地布局情况。

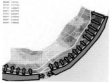

效益优先导向用地布局

因子	权重
交通因子	0.4
地价因子	0.2
改造难度	-0.05
历史因子	-0.15
生态因子	-0.2

生态优先导向用地布局

因子	权重
交通因子	0.05
地价因子	0.05
改造难度	-0.1
历史因子	0.25
生态因子	0.55

居住优先导向用地布局

因子	权重
交通因子	0.3
地价因子	0.15
改造难度	0.15
历史因子	0.15
生态因子	0.2

慢行组织

通过建筑化处理高差、公私分离等手段加强上下联系；通过梳理达江通道、构建滨江步道等方式加强滨江的可达性和可视性。通过改善街巷品质、慢行化街道等方式提升街巷活力。

"幽静的烦恼，难通达上下"	"面江不达江，临江不见江"	"活力的市井，杂乱的街巷"
曲径的困扰结合建筑处理高差	临江不达江亲水性，可达性	嘈杂的市井活动的载体，品质低
立体分层微循环	高差疏通建筑化	活力场所全网络
	见江达江亲近江	
	达江路径梳理	达江路径梳理
公共私密分流	滨江步道构建	滨江步道构建
特色立体循环	长滨路消极空间改造	长滨路消极空间改造

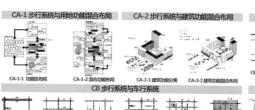

CA-1 步行系统与用地功能混合布局　CA-1-1 功能区布局　CA-1-2 功能区混合布局
CA-2 步行系统与建筑功能混合布局　CA-2-1 建筑功能分离　CA-2-2 建筑功能混合布局
CE 步行系统与组团地块划分　CE-1 井字步行道　CE-2 与车行道路可视联系　CE-3 绿廊与口部绿化　CE-4 不同开发规模　CE-5 商业与步行道的网络联系
CB 步行系统与车行系统　CB-1 网格系统　CB-2 错开网格系统　CB-3 齿轮系统　CB-4 组合系统　CB-5 变异网格系统　CB-6 人车完全分离系统
CF 宏观步行系统模式　CF-1 集中效联式　CF-2 轴层发展　CF-3 树状发展（溯水）　CF-4 组团结合发展　CF-5 轴线组群状发展　CF-6 绿环网结构
CC-1 步行系统与绿地系统　CC-1-1　CC-1-2
CC-2 街道尺度比例　CC-2-1 D/H=0.5　CC-2-2 D/H=1　CC-2-3 D/H=2
CG-1 中观层次的步行系统规划设计模式　CG-1-1 网状发展　CG-1-2 轴线状发展　CG-1-3 圈层发展
CG-2 坡地上干道地规划路结构　CG-2-1 水平规划结构　CG-2-2 垂直规划结构
CD 细部设计指引　CD-1 斑马线行人穿越道　CD-2 安全岛的行人穿越道　CD-3 拍打式穿越道　CD-4 利用地形设计的人形天桥　CD-5 人车共享　CD-6 结合商业布局的街道　CD-7 交叉口设计　CD-8 步行道路采用当地材料
CH 微观层次的步行系统规划设计模式　CH-1 轴状发展　CH-2 带型发展　CH-3 中心式发展　CH-4 点状发展

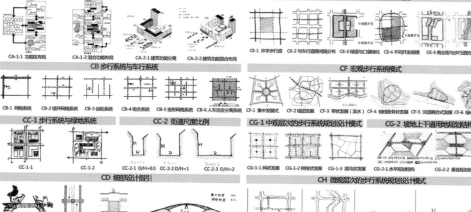

山地应对

根据下半城复杂的城市地形，以及明显的山地特征，利用图谱化的规划手段对具体的山地建筑群体布局、外部空间组织、建筑接地方式三个方面进行了针对性设计。

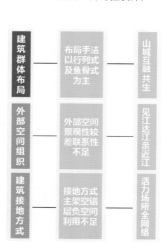

建筑群体布局	布局手法以行列式及鱼骨式为主	山城互融共生
外部空间组织	外部空间景观性较差联系性不足	见江达江亲近江
建筑接地方式	接地方式主架空错层负空间利用不足	活力场所全网络

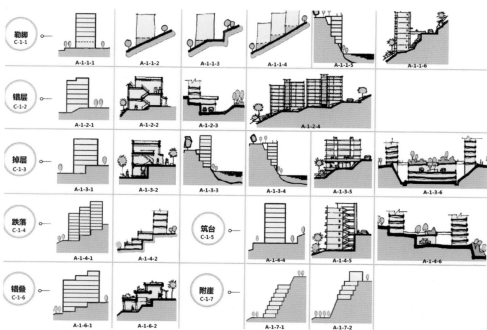

勒脚 C-1-1　A-1-1-1　A-1-1-2　A-1-1-3　A-1-1-4　A-1-1-5　A-1-1-6
错层 C-1-2　A-1-2-1　A-1-2-2　A-1-2-3　A-1-2-4
掉层 C-1-3　A-1-3-1　A-1-3-2　A-1-3-3　A-1-3-4　A-1-3-5　A-1-3-6
跌落 C-1-4　A-1-4-1　A-1-4-2　筑台 C-1-5　A-1-4-4　A-1-4-5　A-1-4-6
错叠 C-1-6　A-1-6-1　A-1-6-2　附崖 C-1-7　A-1-7-1　A-1-7-2

更好的城市社区生活

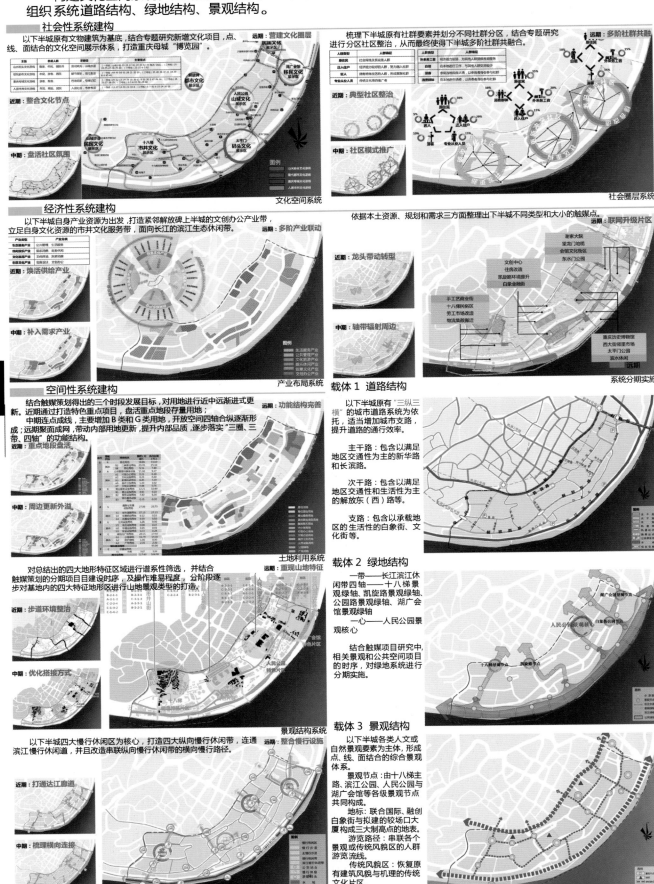

系统建构

构建文化空间系统、社会圈层系统、产业布局系统、系统分期实施、土地利用系统、景观结构系统、交通组织系统道路结构、绿地结构、景观结构。

社会性系统建构

以下半城原有文物建筑为基底，结合专题研究新增文化项目，点、线、面结合的文化空间展示体系，打造重庆母城"博览园"。

近期：整合文化节点
中期：盘活社区氛围
远期：营建文化圈层

文化空间系统

梳理下半城原有社群要素并划分不同社群分区，结合专题研究进行分区社区整治，从而最终使得下半城多阶社群共融。

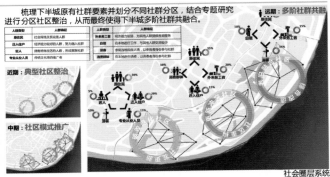

近期：典型社区整治
中期：社区模式推广
远期：多阶社群共融

社会圈层系统

经济性系统建构

以下半城自身产业资源为出发，打造紧邻解放碑上半城的文创办公产业带，立足自身文化资源的市井文化服务带，面向长江的滨江生态休闲带。

近期：焕活供给产业
中期：补入需求产业
远期：多阶产业联动

产业布局系统

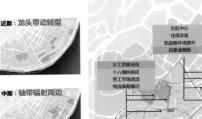

依据本土资源、规划和需求三方面整理出下半城不同类型和大小的触媒点。

近期：龙头带动转型
中期：轴带辐射周边
远期：联网升级片区

系统分期实施

空间性系统建构

结合触媒策划得出的三个时段发展目标，对用地进行近中远渐进式更新。近期通过打造特色重点项目，盘活重点地段存量用地；中期连点成线，主要增加B类和G类用地，开放空间四轴合纵逐渐形成；远期聚面成网，带动内部用地更新，提升内部品质，逐步落实"三圈、三带、四轴"的功能结构。

近期：重点地段盘活
中期：周边更新外溢
远期：功能结构完善

土地利用系统

对总结出的四大地形特征区域进行谱系性筛选，并结合触媒策划的分期项目建设时序，及操作难易程度，分阶段逐步对基地内的四大特征地形区进行山地景观类型的打造。

近期：步道环境整治
中期：优化搭接方式
远期：重现山地特征

景观结构系统

载体1 道路结构

以下半城原有"三纵三横"的城市道路系统为依托，适当增加城市支路，提升道路的通行效率。

主干路：包含以满足地区交通性为主的新华路和长滨路。

次干路：包含以满足地区交通性和生活性为主的解放东（西）路等。

支路：包含以承载地区的生活性的白象街、文化街等。

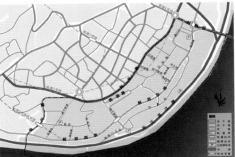

载体2 绿地结构

一带——长江滨江休闲带——十八梯景观绿轴、凯旋路景观绿轴、公园路景观绿轴、湖广会馆景观绿轴

一心——人民公园景观核心

结合触媒项目研究中，相关景观和公共空间项目的时序，对绿地系统进行分期实施。

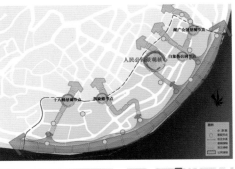

载体3 景观结构

以下半城各类人文或自然景观要素为主体，形成点、线、面结合的综合景观体系。

景观节点：由十八梯主路、滨江公园、人民公园与湖广会馆等各级景观节点共同构成。

地标：联合国际、融创白象街与拟建的较场口大厦构成三大制高点的地表。

游览路径：串联各个景观或传统风貌区的人群游览流线。

传统风貌区：恢复原有建筑风貌与机理的传统文化片区。

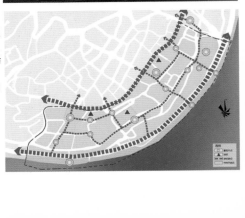

以下半城四大慢行休闲区为核心，打造四大纵向慢行休闲带，连通滨江慢行休闲道，并且改造串联纵向慢行休闲带的横向慢行路径。

近期：打通达江廊道
中期：梳理横向连接
远期：整合慢行设施

交通组织系统

（一）十八梯重点地段设计

1. 基地现状情况

十八梯位于重庆渝中区下半城，是老重庆的代表，目前的状况是市井传统逐步缺失，空间风貌日益破败，社群结构逐渐单一。

2. 设计理念

方案的框架要点是以十八梯主街为核心，衍生三大特色产业区，以传统街巷为框架的同时，辐射多元住区，最终形成焕活的十八梯市井。

3. 组织架构

提供旧城发展理事会、环境整治委员会、社区营造工作坊，分别确保经济、空间、社会的有序发展。

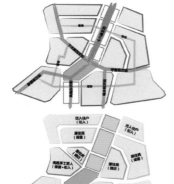

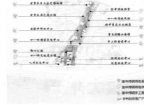

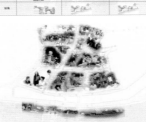

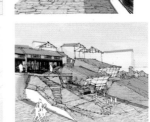

更好的城市社区生活

总平面图

(四) 设计步骤

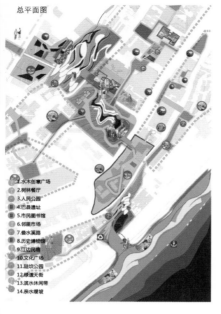

(二) 设计出发点

这块用地选取一系列城市空地，将它变为兼具休闲性和生态性的城市花园。总结现状场地问题主要有：绿地破碎缺乏品质，产业系统单一杂乱，品质较低，居民缺少多元的公共活动。

通过社区加公共空间为主要手段，以及产业升级、增加文化设施等，实现将绿廊空间演变为活动的通廊和人际的通廊。

1.水木创意广场
2.树林餐厅
3.人民公园
4.巴县遗址
5.市民图书馆
6.邻里市场
7.叠水溪路
8.历史博物馆
9.江口民俗馆
10.文化广场
11.崖坎公园
12.绿道天街
13.滨水休闲带
14.亲水缓坡

山江通廊

绿廊联通

市场转型

社区活化

社区

+市民活动

+社区营造居民共享 +公共空间 +社区产业升级

+公共文化设施

(三) 设计目标

从建立一个联系山城江面的连续绿廊为契机，在其中设立新型休闲产业，更新社区商业，进而促进社区融合，打造社区特色。最终实现充满外在吸引力和内在活力的绿色更新地带。

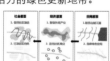

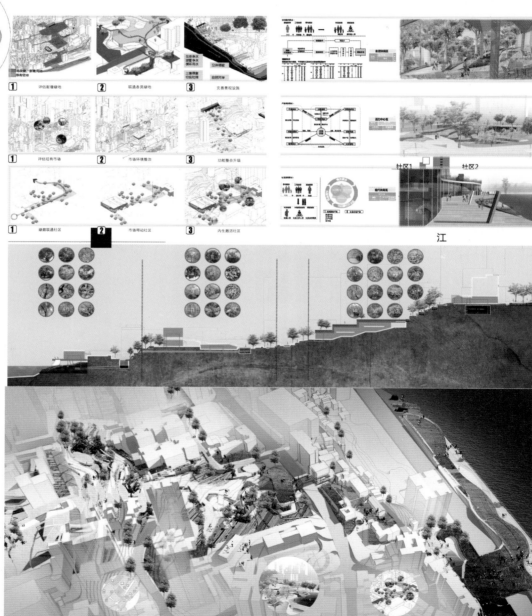

① 评估新增绿地　② 联通各类绿地　③ 完善景观设施

① 评估现有市场　② 市场环境整治　③ 功能整合升级

① 绿廊联通社区　② 市场带动社区　③ 内生激活社区

社区1　社区2

江

机理　设计　内生

社区+文化复兴：湖广会馆片区详细设计

基地现状：

湖广会馆是老重庆的"解放碑"，如今周边建筑已被大拆大建，传统商阜街市、文化氛围、兴盛码头等都已消失不见，文化活力丧失，只剩会馆被周边现代建筑包围。

设计理念：

基于整体框架及基地自身资源禀赋，我们的设计理念是"文化复兴 复合联系 社区唤活"。

设计目标：

通过梳理场地内要素，我们总结出其三大主要问题分别为：文化资源利用不充分、开放空间破碎、社区活力不足。基于此，我们希望通过：复兴历史文化、整合开放空间、唤醒社区活力这三大策略来达到以文化资源唤醒社区生活的目标。

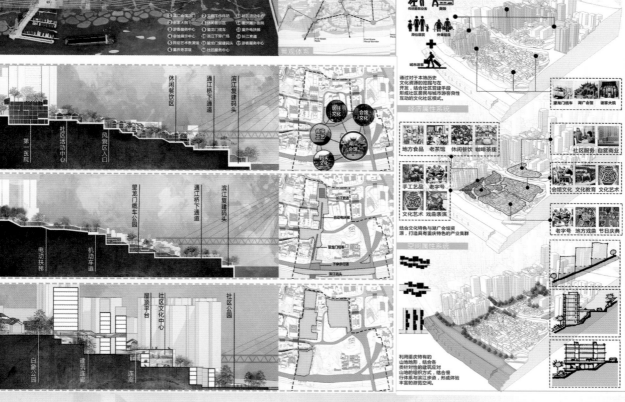

更好的城市社区生活

白象街重点地段详细设计

设计背景：传统人文遗存逐渐失效，生活服务业态走向低端，人居环境慢慢老旧。

设计构思：以激发、链接、融合三大策略，从社区规划师的角度来重塑社区新秩序。

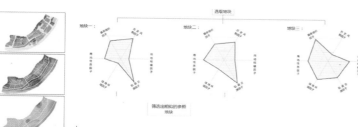

高度控制

理想化高度模型的优化，结合因子评估选取合理的参照地块，通过各因子的相似性计算得出其他地块高度，得到高度控制理想模型，基于现状改造难度以及未来城市发展要素的影响，对叠加得出的理想模型进行修正。

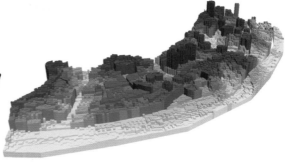

社区+文化复兴：湖广会馆地块	
现状情况	湖广会馆及其周边片区，主要包括白象居以东、解放东路以南，现状存在大量在建或待建用地与部分老旧小区。
价值特色	现存湖广会馆利用良好，且存在大量具有历史价值要素，潜在历史文化资源可开发潜力明显，地区特色突出。

经济属性开发更新控制引导

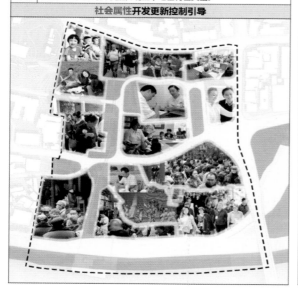

（左侧图含标注：B2、R21、R21、S4、B2、B11、G1、A5、R21、R21、R22、R21、G1、A22、R21、A7、B13、G1、G3、G1、G2、G2 等）

1.土地利用： 该区用地主要以文化娱乐用地、商业用地、居住用地为主。

规划范围面积		5.2hm²		容积率		2.5		绿地率		30%
A22	A5	A7	B13	B2	R21	R22	S4	G1	G2	G3
13%	6%	10%	6%	5%	6%	26%	4%	22%	5%	3%

2.建筑高度
在湖广会馆周边的风貌复建区内以2-4层的低层建筑为主，周边的居住小区则允许在不遮挡主要景观轴线的情况下建设高层建筑。

  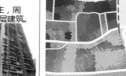

3.产业布局
位于市井文化产业带与滨江生态产业带之间，具体产业内容除湖广会馆文化旅游业外、还包含其周边的休闲娱乐产业、创意文化产业、以及面向周边住区的社区服务产业。

地方戏曲表演　会馆文化展示　手工作坊　地方饮食　茶馆书馆

4.历史资源保护
主要历史资源包括：湖广会馆即周边风貌区、望龙门缆车、城墙遗址、谢家大院、长江索道等。

社区+文化复兴：湖广会馆地块	
现状情况	湖广会馆及其周边片区，主要包括白象居以东、解放东路以南，现状存在大量在建或待建用地与部分老旧小区。
价值特色	现存湖广会馆利用良好，且存在大量具有历史价值要素，潜在历史文化资源可开发潜力明显，地区特色突出。

社会属性开发更新控制引导

1. 风貌复建区人群引导
政府与社会人士协调，在招商过程中，若引进如面塑、剪纸、刺绣匠人等重庆传统手工艺匠人、各类民间艺人、地方曲艺团体或各类与传统工艺或地方文化的相关人群，则政府给予租赁个人或团体一定比例优惠政策或资金扶持。

2.文化引领
以文化复兴为主要目标，结合当地原有的会馆文化、移民文化、码头文化塑造文化社区。

会馆文化　　　　移民文化　　　　码头文化

2.社区更新
·组织引导机制
以社区居民为更新主体，以营造文化社区为目标，采用社区问题征集、规划设计咨询、众筹营建、公共运营等自家而上的组织手段进行社区更新。

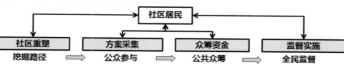

社区居民

社区重塑	方案采集	众筹资金	监督实施
挖掘路径	公众参与	公共众筹	全民监督

·社区公共空间
社区更新的主要具体内容包括：公共绿地、立体停车场、小区出入口、活动用房。

校企联合

2

基地区位示意图

❸ 城市污染化场地的景观化改造、修复与再利用
——上海老港郊野公园规划设计

Landscaping Transformation, Remediation and Reuse of Urban Contaminated Site: Planning and Design of Shanghai Laogang Country Park

指导教师： 周聪惠　　杨凌晨

选题意义

城市污染场地修复治理、景观化改造与再利用实践是目前国际风景园林学科的热点议题，但在我国目前还处于设计和实践的探索阶段。城市污染场地修复治理、景观化改造与再利用工作涉及到多元化的工程技术和复杂的修复过程，使得此类课题开展需进行多学科协作，并具有周期长、难度大、投入成本高、后期维护管控要求严格等特点。因此，该类课题通常具有较高的研究价值和设计教学训练价值。

选题背景

研究对象位于上海浦东新区老港镇，北连浦东国际机场，南接上海国际航运中心。前身为老港垃圾填埋场，始建于1985年。作为亚洲最大的垃圾填埋场，老港垃圾填埋场承担了上海70%以上的生活垃圾。目前共有五期工程，前三期占地3.26km²，现已封场。由于未能严格防渗，一、二、三期对环境有一定的伤害。作为上海市总体规划21个郊野公园之一，老港郊野公园基地面积达15.3km²，意在将其打造为可供市民休闲娱乐的"城市后花园"，但由于其前身作为垃圾填埋场的特殊属性，将其进行景观化改造、修复与再利用拥有较大难度。

围绕该课题，东南大学建筑学院景观学系与上海现代建筑设计集团上海现代建筑装饰环境设计研究院有限公司开展校企合作，充分将东南大学跨学科的科研整合优势以及数字景观实验室的技术平台支撑与上海现代设计集团的多元化设计团队和丰富规划设计经验进行结合，以上海老港垃圾填埋场修复治理、景观改造与郊野公园规划设计课题为载体，展开系列校企合作毕业设计教学指导工作。

教学目标及要点

1. 通过课题介绍和引导，帮助学生制定合理的毕业设计工作计划和工作框架。

2. 通过参与前期工作的讨论，引导学生进行现场调研和分析。

3. 通过讨论交流，帮助学生获得国内外相关设计实例中的有效经验，指导学生了解当前城市污染场地景观化改造、修复和再利用的相关技术、工作流程和关键点所在。

4. 启发学生的修复治理和规划设计思路，激发学生开展探索性研究，提出有创造力的规划设计方案。

设计成果

一、小组共同完成成果：
1. 场地背景分析与研究
2. 场地空间调查与分析
3. 场地污染现状调查、分析与评价
4. 国内外相关案例研究
5. 场地修复、改造与再利用可行性分析
6. 场地修复、改造与再利用策略制定

二、个人成果：
1. 总体设计：
1) 总平面图，1:5000；
2) 设计概念生成演绎图；
3) 场地污染整治与管控专项系列图（整治策略规划图、修复措施规划图、管控分级规划图、规划整合策略图等）；
4) 设计策略分析图；
5) 设计控制分析图（空间结构规划图、功能分区规划图、对外对内交通系统规划图、游憩项目组织图、景观风貌规划图、景观视线规划控制图、水系规划控制图等）。
2. 重要节点设计（不低于4个节点）：
1) 重点地块总图，1:500；
2) 景观修复、改造与再利用策略演绎和分析专项图；
3) 地块场景透视图纸若干；
4) 地块空间分析图纸若干。

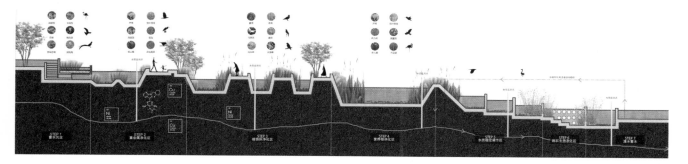

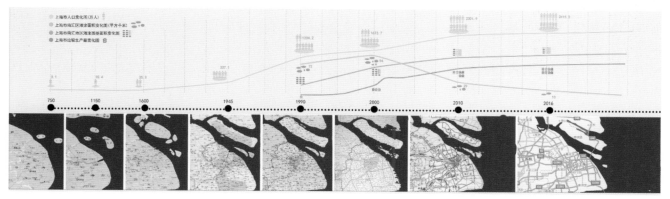

"老港"的故事

基地背景

规划设计基地前身为远东最大垃圾填埋场—上海老港垃圾填埋场。基地北连上海浦东国际机场，西靠老港镇，东连东海，面积15.3km²。目前该地块已被上海市规划为未来重点发展的21个郊野公园之一，并定位为可供市民休闲娱乐的"城市后花园"。在此背景下，对基地进行生态修复和景观规划设计已刻不容缓。

老港演变

老港镇　　　　　　　老港垃圾填埋场　　　　　　湿地与大海

1990年代以来，上海市进入快速发展阶段，大量的沿海滩涂被围垦，导致上海的滩涂量锐减且环境遭到了破坏，本课题研究的场地就是这类场地之一。

由于场地本身作为垃圾填埋场的特殊身份，导致该场地生态环境恶化，从现状来看，老港垃圾填埋场割裂了西部老港镇和东部沿海地区间的生态联系，如何对此联系进行恢复和重建，是本次设计的主要出发点。

"垃圾"的研究

040

上海市垃圾成分研究

发达国家生活垃圾中厨余垃圾含量较低，垃圾含水量低，而纸类、塑料、金属、玻璃的含量均较高，可回收利用价值大。

上海生活垃圾的成分具有厨余垃圾含量高、可回收物质较少、年季变化较大、水分偏高等特性。

上海市垃圾处理厂现状

设施名称	处理能力（t/d）	服务范围
老港垃圾填埋场	4900-8000	大部分中心区、近郊区（除嘉定）、南汇部分地区
闵行焚烧厂	3000	闵行区、徐汇区、卢湾区
江桥焚烧厂	1000-1900	黄浦区、静安区为主
御桥焚烧厂	1000	浦东城区
美商生化处理厂	1000	浦东农村地区
黎明填埋场	750	浦东其余地区、御桥焚烧厂残渣
松江填埋场	400	松江大部分地区
奉贤焚烧厂	80	奉贤小部分地区

上海老港生活垃圾处理厂四期项目，是目前国内最大的生活垃圾卫生填埋场，每天处理上海约50%以上的生活垃圾。在2010—2012年间，日处理垃圾量逼近10000吨。

策划与规划

束芸

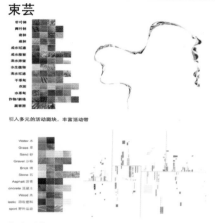

引入多元的活动班块，丰富活动带

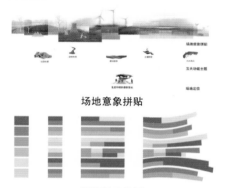

该方案又两条线索组成，第一条是从宏观出发：该场地位于村落和黄浦江之间，由于用地性质的缘故，村民与江景隔离，故想通过两条线索将二者重新联结：生态脉（将生物由东向西引入场地）和活动脉（将村民/游客由西向东引入江边）；第二条是从微观出发：场地本身为方格网肌理，被切分的斑块破碎、单一、不连续，故想引入丰富的生态斑块和活动斑块将场地景观元素改造成多样、异质、连续。

方案总平面

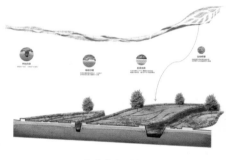

郑振婷

场地意象拼贴

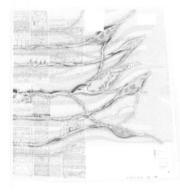

场地机理分析

方案总平面

生态修复手段

041

卓百会

设计基于超大型老港垃圾填埋场空间信息的复杂性特征，以"多表皮"为概念，通过对现有表皮尺度、污染、景观等特性进行解剖重组，提出对应的"新植表皮"策略，探求精细化污染治理理念下的超大型垃圾填埋场地景观治理的适宜方法。

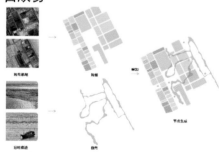

方案总平面

吕欣易

基地丰富的自然环境资源，提供了人、生态环境和自然生物栖息地间联系互动的机会，回顾基地的历史、现状并设想它的未来，公园应作为一个生态整体被恢复和认知，使之成为人们认识环境并乐在其中的一个良好场所。

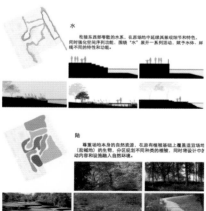

城市污染化场地的景观化改造、修复与再利用——上海老港郊野公园规划设计

合并与深化

束　　　　　　郑　　　　　　卓　　　　　　吕

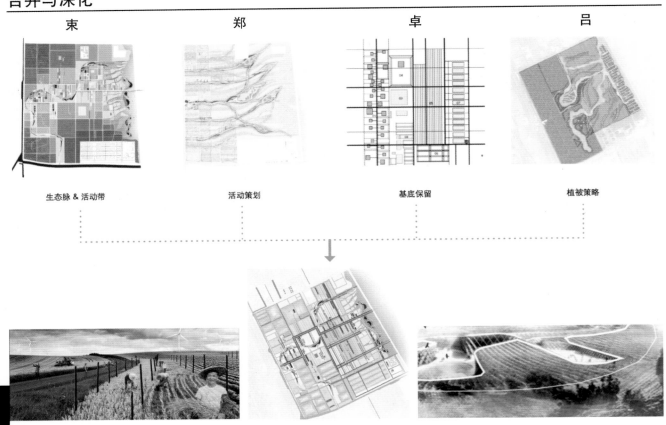

生态脉 & 活动带　　　　活动策划　　　　基底保留　　　　植被策略

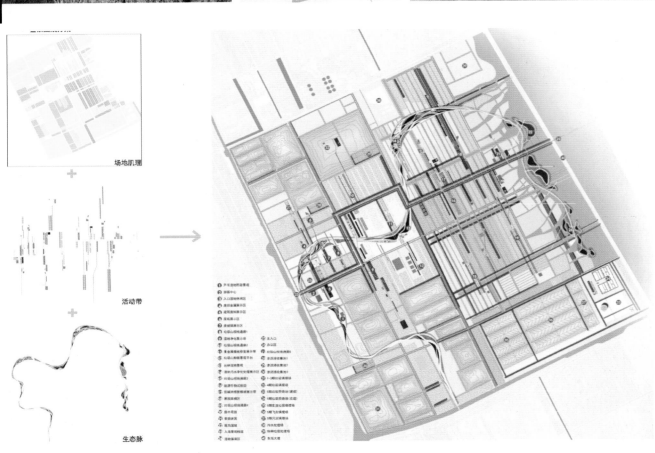

场地肌理

活动带

生态脉

节点设计

污水处理净化展示湿地设计

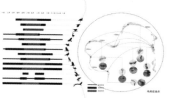

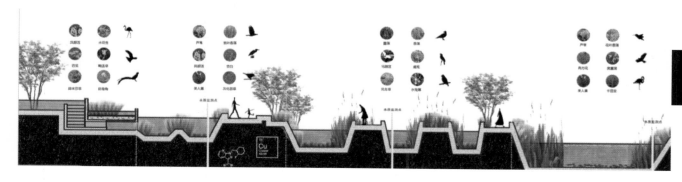

垃圾山纪念性景观设计

城市污染化场地的景观化改造、修复与再利用——上海老港郊野公园规划设计

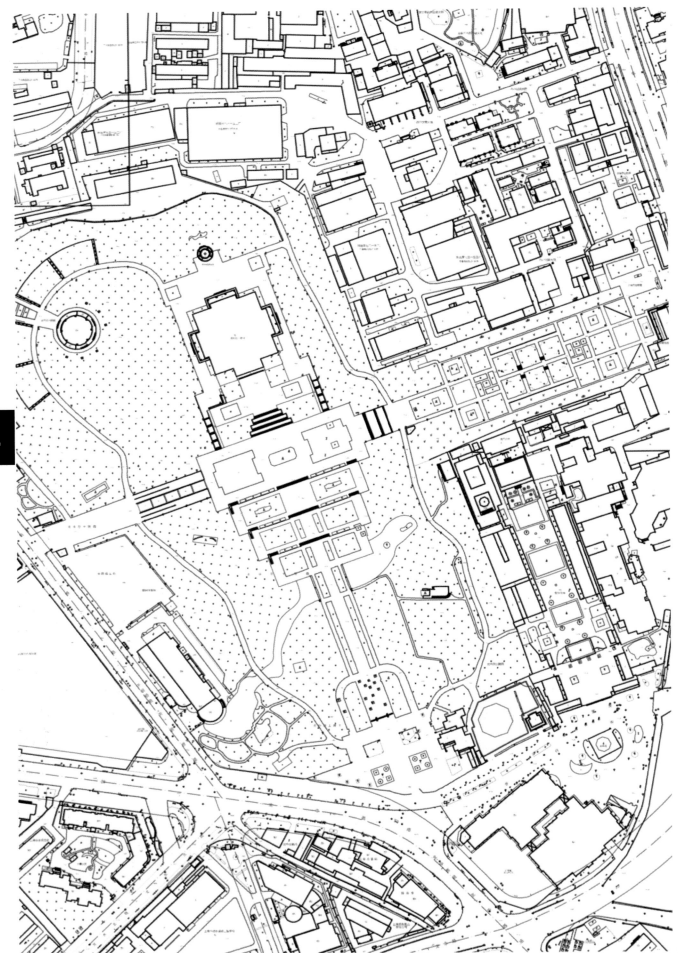

基地区位示意图

❹ 上海龙华烈士陵园多媒体信息中心设计

The Design of Multimedia Information Center of Shanghai Longhua Cemetery

指导教师：　汪晓茜　　刘智伟

选题意义

本课题为多媒体展示馆及门房项目。含新建的多媒体展示庭和改建的门房项目。位于龙华陵园入口和龙华寺入口之间。项目如何处理与周边关系是一个重要难点。

1. 设计前期资料收集和现状调查：同时结合对现状的测绘和调研，理解项目的历史、文化和自然背景，并有一定的思考。

2. 新建筑原址为龙华市民公园音乐喷泉广场，地下有2m的设备区。研究分析其在新建筑中利用和传承的可能性。

3. 现状改造的建筑设计：对现有建筑（含门卫、花店与贵宾室等组合）更新设计，要注意满足风貌保护性和文物保护的要求。

选题背景

上海龙华烈士纪念馆及周边龙华寺、龙华塔是上海重要两个地标性场所。

龙华烈士陵园由邓小平同志题写园名，位于龙华寺西侧，系全国重点文物保护单位和重点烈士纪念建筑物保护单位。1995年7月1日建成开放，是一座集纪念瞻仰、旅游、文化、园林名胜于一体的新颖陵园，素有"上海雨花台"之称。

龙华寺位于上海市南郊龙华街道，是上海地区历史最久、规模最大的古刹。龙华寺建筑为宋代的伽蓝七堂制。1959年，龙华寺被列为上海市文物保护单位。寺外龙华塔重建于宋太宗兴国二年，塔的砖身是北宋原物。塔高40.40m，砖木结构，七层八面，每层飞檐高翘，角挂风铃，姿态雄奇，造型美观，玲珑剔透。

教学目标及要点

本毕业设计重视培养学生的实践能力的培养和理论应用的意识，并达到以下培养目的：

1. 通过对上海龙华烈士纪念馆和龙华寺及周边保护建筑、龙华寺前期基础资料的收集和整理，学习并掌握单体保护修缮的法规和政府要求。

2. 通过对上海龙华烈士纪念馆周边保护建筑的调查和分析，学习并掌握历史调查的内容和方法。

3. 通过编制上海龙华风貌保护区龙华烈士陵园多媒体展示厅及门房改建项目更新，学习并掌握：保护更新规划设计的方法，确定保护目标、保护内容分析判断的标准。建筑保护和改扩建设计应遵循基本设计原则。

设计成果

参与本项目的每位学生的工作量平均折合A0图纸约2~4张，具体要求如下：

1. 前期资料收集和现状调查阶段：相应的资料收集于归纳和SU相关的模型。

2. 根据设计院要求的必要的图纸（根据实际安排）。

3. 最终毕业答辩按照学校要求排版并制作文本。

上海市龙华历史文化风貌区保护规划
调整细部控制图

教学流程与设计进度

上海龙华烈士陵园
多媒体信息中心设计

| 2016.3.14—28 | 2016.4.23 | 2016.5.1—20 |

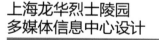

开题报告　　　　场地踏勘　　　　中期答辩　　　　方案深化

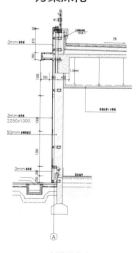

剖墙处节点

上海龙华烈士陵园
多媒体信息中心设计

东南大学建筑学院建筑系
指导教师：汪晓茜 刘智伟
设计者：

姚升

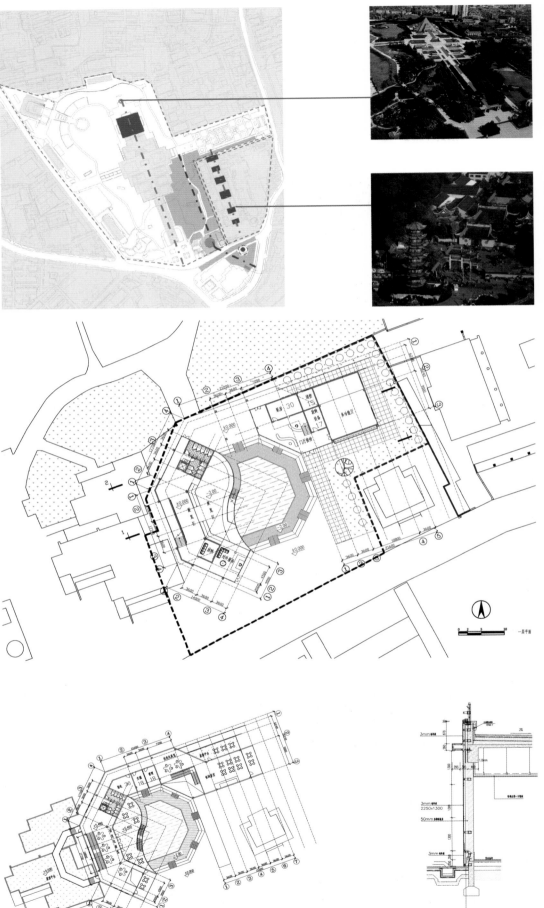

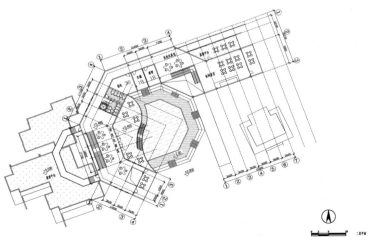

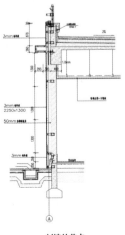

剖墙处节点

上海龙华烈士陵园多媒体信息中心设计

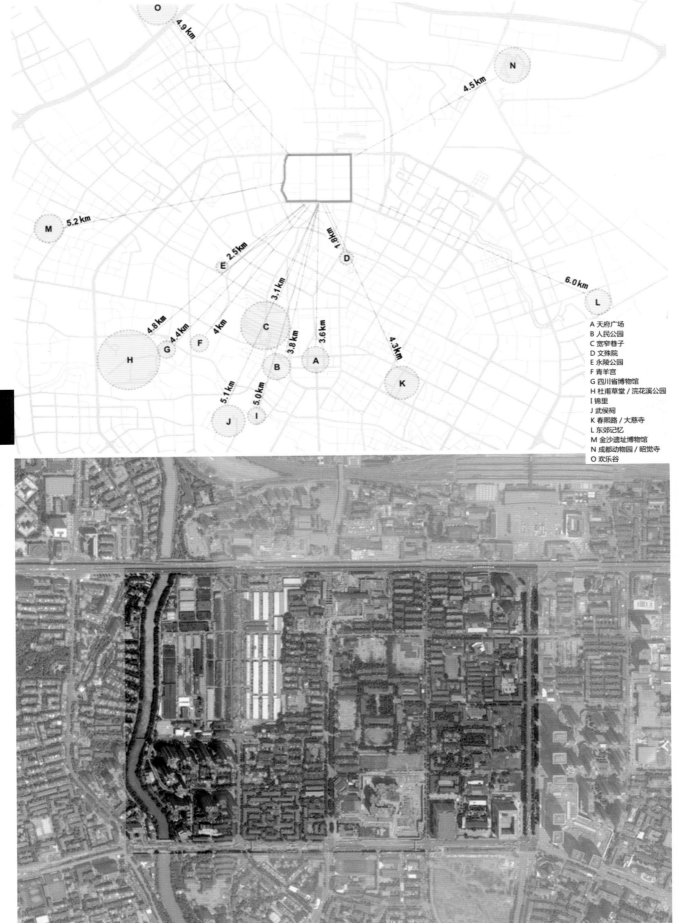

A 天府广场
B 人民公园
C 宽窄巷子
D 文殊院
E 永陵公园
F 青羊宫
G 四川省博物馆
H 杜甫草堂 / 浣花溪公园
I 锦里
J 武侯祠
K 春熙路 / 大慈寺
L 东郊记忆
M 金沙遗址博物馆
N 成都动物园 / 昭觉寺
O 欢乐谷

基地区位示意图

❺ 成都人北中央商务区木综厂片区、铁路局片区城市设计

City Design of Wood Factory Area and Railway Burear Area in North Central Bussiness District of Chengdu

指导教师： 冷嘉伟

选题意义

本题为旧城更新规划研究与城市设计，锻炼学生具有一定的城市环境综合调查分析能力以及处理实际问题的综合素质与能力。

通过本题的设计，可以进一步探究产区搬迁后遗留地块的开发策略，探索旧城文化遗存的更新利用和高强度开发的结合路径，同时有利于解决大纵深城市腹地开发更新如何实现公共服务有效布局和空间开放与共享的问题。

选题背景

成都城市发展进入城市更新的重要阶段，研究老城地块更新建设，把握城市遗留与建设开发之间的关系成为当前城市设计的主要研究问题。

本题设计区成都人北中央商务区位于成都市金牛区南端，其核心区范围由火车北站轨道线、府河、沙河支流界定，总用地面积3.8km²。区域内已具备基本的商务、商贸、商业基础，以铁路局办公、金牛万达广场、荷花池市场、府河市场等项目为代表。属于旧城更新与高强度开发建设交结的典型地区。

教学目标及要点

1. 培养建成环境调查与分析的能力。
2. 加深对城市设计和城市文化的理解。
3. 提高对历史文化环境的保护意识。
4. 掌握旧城更新的基本概念与城市设计手法。
5. 加强城市空间环境设计的整体把握能力。
6. 了解不同规划层面与阶段的衔接与协调。
7. 加强处理实际问题的综合素质与能力。
8. 培养团队合作精神。

设计成果

1. 查阅相关文献，完成有关旧城更新的英文翻译一份，其中汉字的译文不少于8000字。
2. 完成对设计地区的调查分析，完成不少于6000字的调研报告。
3. 在调查分析的基础上，选择重点地段进行城市设计，总图纸量为A1图纸8张，具体内容包括：（1）现状调查分析图若干（区位分析，土地利用，空间形态分析等）；（2）设计概念分析图若干（空间结构分析，功能布局分析，道路交通分析等）；（3）设计总平面；（4）城市设计控制引导图（高度控制，视廊控制，建筑形式控制等）；（5）重要节点城市设计；（6）空间透视效果图。

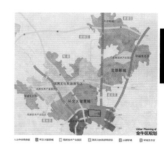

教学流程与设计进度

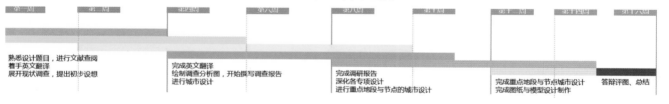

熟悉设计题目，进行文献查阅
着手英文翻译
展开现状调查，提出初步设想

完成英文翻译
绘制调查分析图，开始撰写调查报告
进行城市设计

完成调研报告
深化各专项设计
进行重点地段与节点的城市设计

完成重点地段与节点城市设计
完成图纸与模型设计制作

答辩评图、总结

教学流程与设计进度相关图片

场地认知与系统设计

重点地区城市设计

方案表现

终期答辩、总结

成都人北中央商务区木综厂片区、铁路局片区城市设计

东南大学建筑学院建筑系
指导教师：冷嘉伟 刘刚
设计者：

蔡适然　　陈亦奕

张　炜　　施剑波

设计说明：　商住一体的站前"服务区"　成都原真性生活"社区"

成都人北中央商务区木综厂片区、铁路局片区是成都北站前的门户区，针对的人流是火车站的大量旅客以及地块周边的流动人员和附近地块的居民，其具体功能定位则是"商住一体的站前'服务区'"结合"成都原真性生活'社区'"。

借助该片区既有优势条件，我们将该地块的功能定位为以还原成都原真性市井生活的居住功能为主的集休闲、娱乐、餐饮、文化创意产业和商务办公等功能为一体的站前客流量缓冲及旅客服务地带。

道路系统

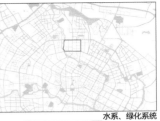

水系、绿化系统

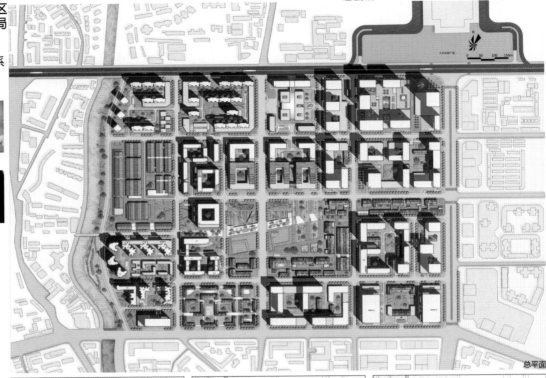

总平面

空间结构　　景观结构

绿地系统

控高分析

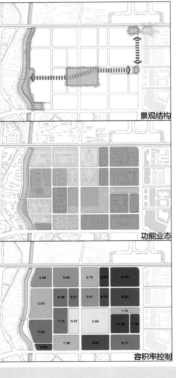

功能片区

功能业态

容积率控制

保存建筑分析

建筑密度控制

道路轮廓 1

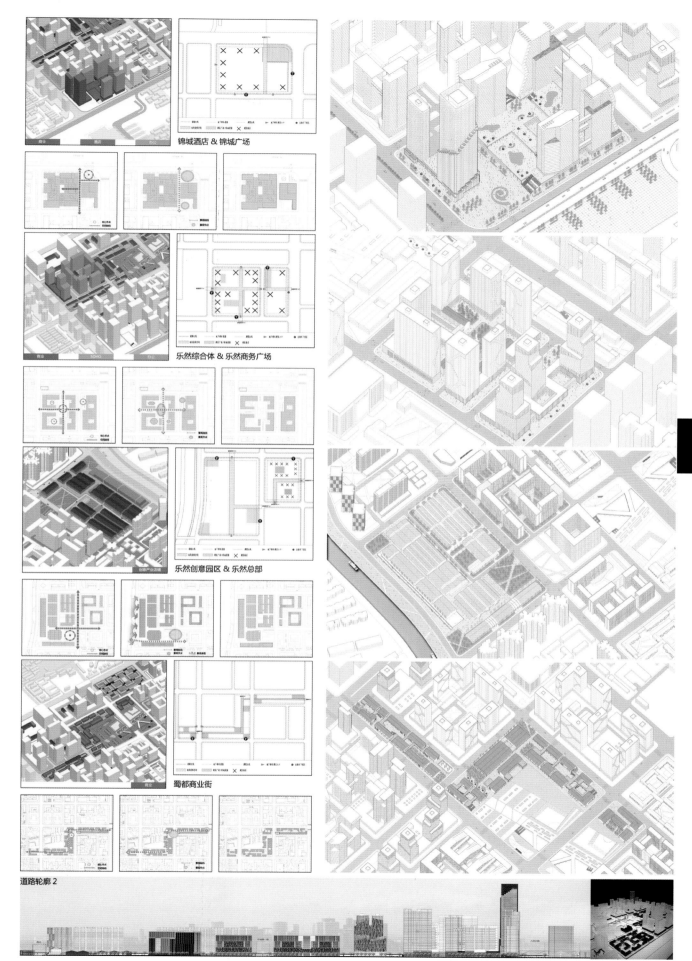

锦城酒店 & 锦城广场

乐然综合体 & 乐然商务广场

乐然创意园区 & 乐然总部

蜀都商业街

道路轮廓 2

成都人北中央商务区木综厂片区、铁路局片区城市设计

整体鸟瞰

SOHO 中庭

产业园透视

道路轮廓 3

商业街夜景

滨河场景

商业贸易顶平台

成都人北中央商务区木综厂片区、铁路局片区城市设计

广场鸟瞰

道路轮廓4

东南大学建筑学院毕业设计作品选集（2015—2016）

054

成都人北中央商务区
木综厂、铁路局片区
城市设计

东南大学建筑学院建筑系
指导教师：冷嘉伟 刘刚
设计者：

黄博浩

雷子雨

刘大用

左君宜

鸟瞰图

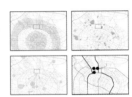

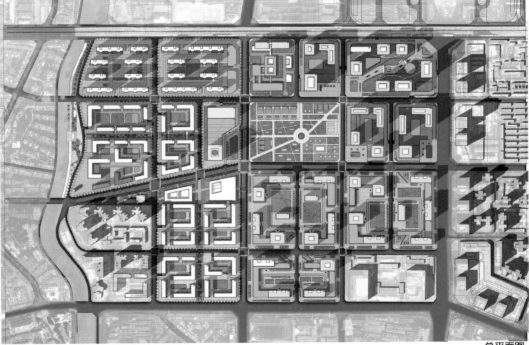

总平面图

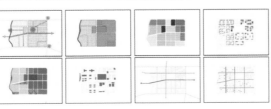
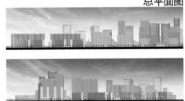

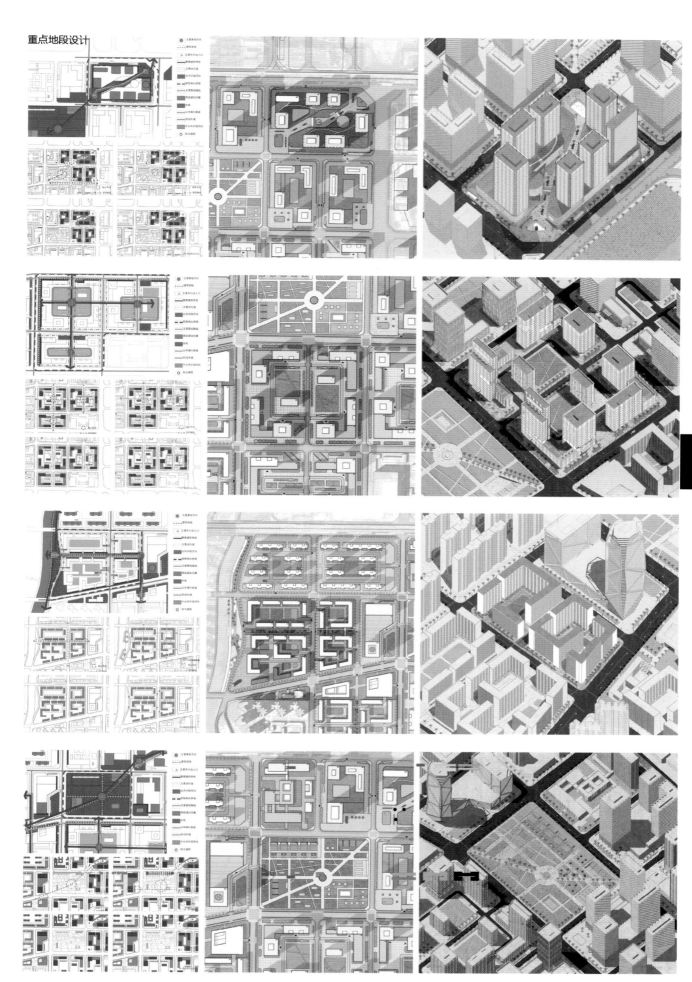

成都人北中央商务区木综厂片区、铁路局片区城市设计

自主选题

3

4 山巷清真寺历史风貌区

3 大龙王巷历史文化街区

2 伯先路历史文化街区

1 西津渡历史文化街区

基地区位示意图

❻ 城市复兴视角下的城市设计
Urban Design Under the Perspective of Urban Renewal

指导教师： 刘伯敏

选题意义

毕业设计选择镇江具有历史文化特色与价值的旧城衰退地区作为项目任务设计研究基地，促使学生在真实城市规划发展需求与问题的环境中，通过调研、策划、系统规划，运用建筑空间环境设计方法，综合考察学生的专业理论、技能与方法运用能力，并培养学生在规划设计研究过程中的创新能力，提升职业规划能力，适应时代发展转型的需求。

主要依托政府投入的保护与发展方式很难阻止地区社会、经济与环境的衰退。因而，需要打破传统的发展规划方式，寻求更加适于地方保护与发展的创新模式，是解脱"保护与发展分离、投入与效益脱节"制约的关键。

选题背景

当今中国城市已进入"存量"发展时代，城市建设新增发展用地指标越来越少，而城市社会、经济与环境发展的空间需求不断扩张，"在城市中建设城市"将成为未来城市发展的主旋律，城市物质环境与功能衰退地区将成为推动城市地区新一轮发展的重要引擎。西方依托城市历史地区功能更替或再开发的城市复兴模式，将替代中国依靠新区开发式的愿景导向模式，成为"存量时代"城市发展方式的主角。城市复兴不是城市地区建筑空间的重建，而是针对城市地区衰退的问题，提出适应社会、经济与环境协同的综合解决方案，国际相关成功案例表明，城市历史地区"保护与发展"成功的关键在于突破传统规划与发展方式的"创新"。

教学目标及要点

毕业设计课题为镇江历史城区复兴发展规划，规划范围包括西津渡、伯先路与大龙王巷历史街区，是镇江历史文化名城保护规划的重点地区。毕业设计同学需通过研究设计地区现状调研、相关理论与方法研习，以地区发展问题为导向，选择利于地区保护与功能发展的关键问题，探讨能够带动城市地区可持续性发展的规划策划与物质空间设计方案，探讨通过规划方式与方法的创新，来实现地区"保护与发展"协同的文化、功能复兴。教学要求学生运用所掌握的现代城市设计相关知识与技能，解析城市历史地区保护与发展的复杂问题，提出具有针对性的地区发展复兴的城市设计研究方案。

设计成果

1）基础研究：
① 了解相关理论与经验案例；
② 完成项目地区基础调研工作；
③ 选择不少于三个国内外相关城市地区案例进行分析。
2）规划策划：
① 明晰规划研究地区的现状特色、价值、主要问题及目标，在此基础上明确小组与个人的设计重点；
② 结合案例研究，明确地区复兴的方式与路途；
③ 完成系统结构规划，包括功能、路网、设施、景观与环境系统。
3）城市设计：
① 完成选择地块或系统总平面规划设计图（1:500～1:1000）；
② 规划构思与规划系统图；
③ 建筑群或空间环境方案设计及其规划设计意图表达；
④ 城市设计方案综合成果效果表达以及相关设计说明与技术指标。

教学流程

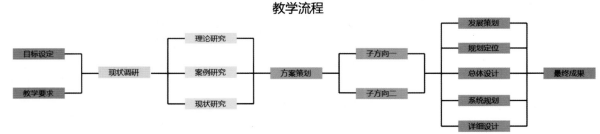

教学进度

东南大学建筑学院毕业设计作品选集（2015—2016）

镇江山巷东历史风貌区城市更新更新

东南大学建筑学院城市规划系

指导教师：刘博敏

设计者：

刘姗荷　　孔秋晗

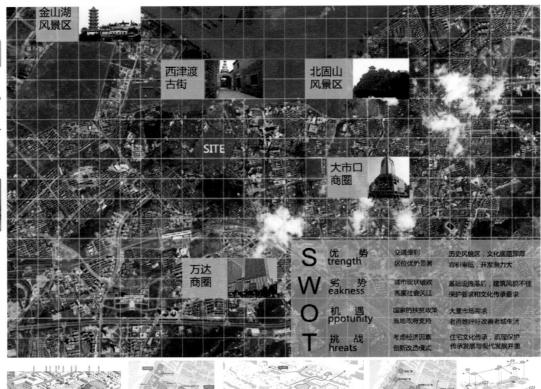

金山湖风景区

西津渡古街

北固山风景区

SITE

大市口商圈

万达商圈

优　势 strength	交通便利 区位优势思著	历史风貌区，文化底蕴深厚 容积率低，并发潜力大
劣　势 weakness	城市现状破败 高度社会关注	基础设施落后，建筑风貌不佳 保护要求和文化传承要求
机　遇 oppotunity	国家的扶贫改策 当地政府支持	大量市场需求 老百姓呼吁改善老城生活
挑　战 threats	考虑经济因素 创新改造模式	住宅文化传承，肌理保护 传承发展与现代发展并重

通过GIS应用，辅助前期现状分析，进行现状图纸绘制

通过GIS对建筑进行综合判断，判断其保留价值，为拆迁、保留提供依据

通过空间句法选择重要道路，予以保留拓宽

建筑肌理	街巷肌理	特征	未来发展方式
		传统建筑肌理、街巷肌理保持较完好，结构清晰，建筑多为三合院形式，建筑年代为民国及20世纪50~80年代，具有较大的保护价值	传统建筑形态、肌理体现了地块内传统的居住尺度，具有较大保护价值。因此此种住区形态建议成片保留，以传承老城居住文化
		传统建筑肌理、街巷肌理有所体现，但后期新建筑与其混杂，使肌理变得略杂乱，路网结构拼合，只有少数建筑为三合院，保护价值不大	传统建筑与新建筑混杂，肌理略杂乱，整体的保护价值不大，因此此种住区形态建议部分风貌良好的建筑保留，其余拆除
		建筑肌理、街巷肌理较有序，多为50年代后建筑，路网呈外环结构，建筑排列较整齐，保护价值很小	非传统建筑组群，但肌理较为有序，可以拆除
		建筑肌理、街巷肌理杂乱无章，多为80年代后居民自建砖混建筑，与地形略有结合，无保护价值	非传统建筑组群，肌理杂乱无章，无保护价值，建议拆除

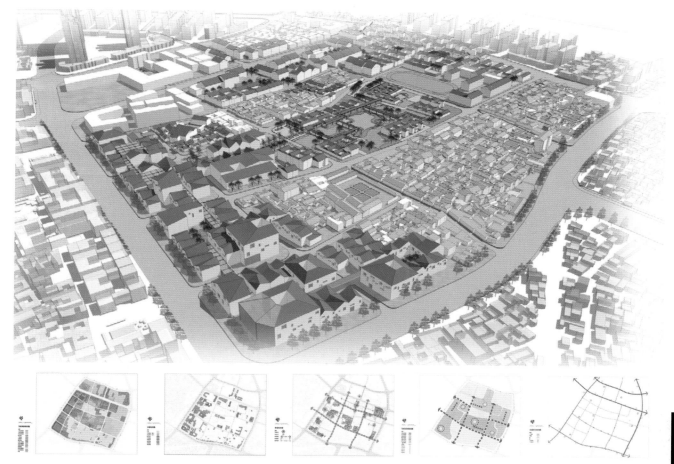

设计说明：

　　本设计针对现状调查分析发现的生活中心缺失、居住条件落后等问题，对该地块进行中心功能重构和社区生活转型。

　　梳理内部交通，拓宽主要道路，交通问题主要通过外部交通解决。

　　地块西侧置入山巷商业街区以进行中心功能重构，东北侧置入混合社区以实现社区生活转型。同时中部保留优秀历史建筑并置入园林元素，构成中心园林休闲区；北侧围绕福音堂形成文化休闲区，以实现对文化的传承。

城市复兴视角下的城市设计

0　25　50　　　100m

总平面图

① 山巷市场　　　　⑭ 儿童活动中心
② 活动中心　　　　⑮ 公园活动广场
③ 社区图书馆　　　⑯ 福音堂
④ 山巷商业街　　　⑰ 大西路广场
⑤ 山巷清真寺　　　⑱ 社区活动广场
⑥ 九如巷广场　　　⑲ 社区居委会
⑦ 社区医疗点　　　⑳ 老年活动站
⑧ 园街文化广场　　㉑ 社区超市
⑨ 地区餐饮中心　　㉒ 棋牌室
⑩ 园街博物馆　　　㉓ 宝塔路小学
⑪ 地区活动中心

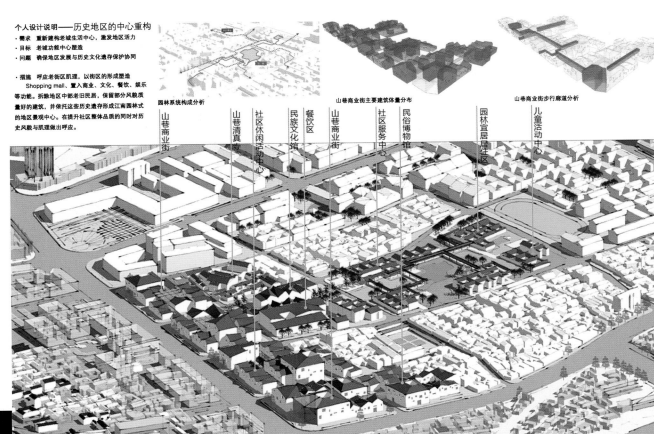

个人设计说明——历史地区的中心重构
- 需求 重新建构老城生活中心，激发地区活力
- 目标 老城功能中心塑造
- 问题 确保地区发展与历史文化遗产保护协同

- 措施 呼应老街区肌理，以街区的形式塑造
Shopping mall、置入商业、文化、餐饮、娱乐等功能。拆除地区中部老旧民居，保留部分风貌质量好的建筑，并依托这些历史遗存形成江南园林式的地区景观中心。在提升社区整体品质的同时对历史风貌与肌理做出呼应。

园林系统构成分析　山巷商业街主要建筑体量分布　山巷商业街步行廊道分析

山巷商业街　山巷清真寺　社区休闲活动中心　民族文化馆　餐饮区　山巷商业街　社区服务中心　民俗博物馆　园林宜居住区　儿童活动中心

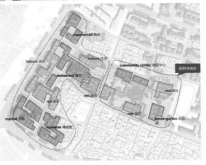

功能分布

地块主要由山巷商业街区与园林休闲区组成。

- 山巷商业街区有商业街、文化休闲、社区市场、博物馆、餐饮与少量居住功能，为老城塑造新的生活中心，也带动地区活力与发展。

- 园林休闲区将原有旧城密集的居住功能置换为休闲宜居的园林形式。在园林内设置地区服务中心与幼儿园等公共设施。

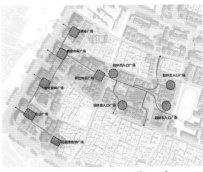

开敞空间

商业街区的外部空间由商业广场、商业休闲广场、文化休闲广场、餐饮娱乐广场、生活广场与民俗博物馆广场六个街区广场串联，并由步行路径与园林区域链接，形成街区步行网络。

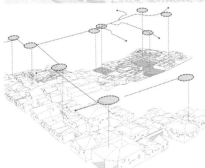

活动路径

以呼应原有街区肌理的想法为前提，山巷商业区以街区的形式构成步行空间，并与园林内部廊道相连。

商业街部分步行区域使用轻质体量覆盖，形成灰空间商业街道，以便于各种天气的购物休闲活动。

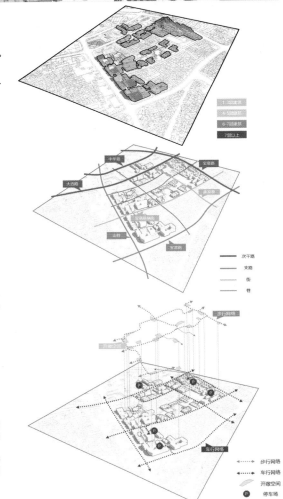

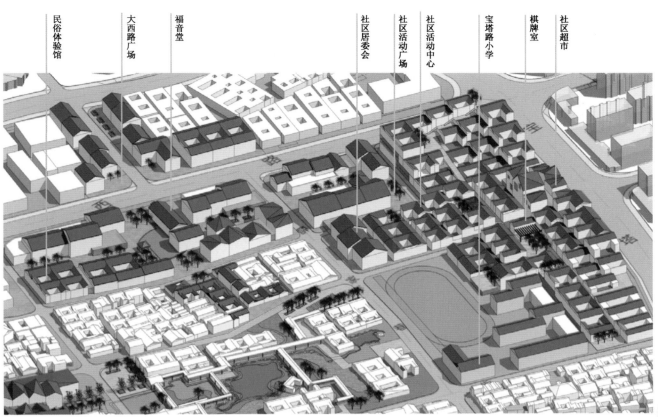

民俗体验馆　大西路广场　福音堂　福音堂广场　社区居委会　社区活动广场　社区活动中心　宝塔路小学　棋牌室　社区超市

城市复兴视角下的城市设计

个人设计说明
——历史地区的社区转型

需求：重新构建老城生活
目标：老城社区生活转型
问题：确保现代发展与文化传承协同

措施：呼应老街区肌理，借鉴传统三合院形式，以街区形式塑造立体街区，置入新型居住、商业、办公等混合功能，并在建筑内部解决停车问题。

保持原有肌理的前提下提高容积率，从0.9提升到2.5左右，实现了极大的开发价值，吸引资金支持该地区改造。

园林休闲区	商业混合区	文化休闲区	居住混合区

园林休闲区保留部分优秀历史建筑，赋予其新的功能，加入园林的元素，共同构成园林公共休闲区	商业混合区将传统街巷置入建筑内部，以玻璃廊道的形式予以表现	围绕福音堂布置体量较大的建筑，围合出福音堂这一公共节点，共同组成文化休闲区	居住混合区借鉴镇江传统三合院形式，并借鉴传统街巷体系，街一巷—开敞空间—院落等要素体现了对传统肌理的传承

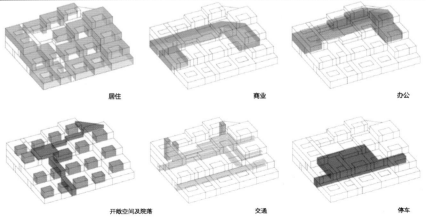

居住　　　　　商业　　　　　办公

开敞空间及院落　　交通　　　　停车

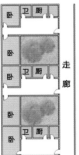

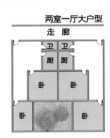

两室一厅小户型
一室一厅

两室一厅大户型
走廊

镇江西津渡历史风貌区城市更新

东南大学建筑学院城市规划系

指导老师：刘博敏

设计者：

谭业昌

西津渡历史风貌街区位于镇江市老城区，是镇江各个历史阶段遗迹保存最为丰富的街区之一，同时也是《镇江市历史文化名城保护规划》的重点地区。西津渡街区，因长江渡口的独特位置而发展繁荣，同时也孕育了深厚独特的渡口文化，历史最早可以追溯到三国时期。1998年镇江市政府对西津渡地区进行了一轮较大规模的规划整治，将其破旧的传统居住区逐渐改造成为了镇江市历史文化展示和旅游街区。随着近年镇江市老城更新战略的启动，西津渡连同其周边的几个老城街区，一齐面临新一轮的发展机遇。

西津渡街区，位于镇江市区西北角，北临三山风景名胜区，东接"古城风貌区"，西距著名金山寺1 km，与大西路商业街相连。历史上西津渡街区处于长江与大运河黄金水道的十字交叉口，水文环境稳定，因此得以发展出繁荣的码头集镇。街区范围东起迎江路，西至小码头，南起云台山北麓，北至长江路。西津渡主要区域，是西津渡历史文化遗存主要集中地，包含老码头文化园、小码头民俗历史文化街区、原英国领事馆、玉山游园。东起迎江路，西至和平路，南临云台山，北临长江路，面积约14.1hm²。

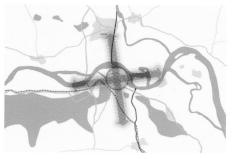

规划概况

现状研究

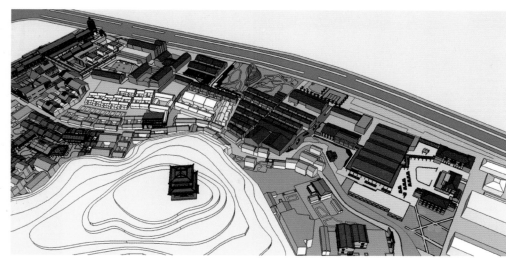

城市复兴视角下的城市设计

结构分析

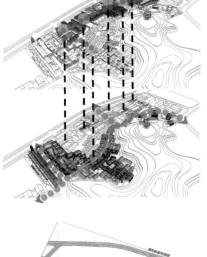

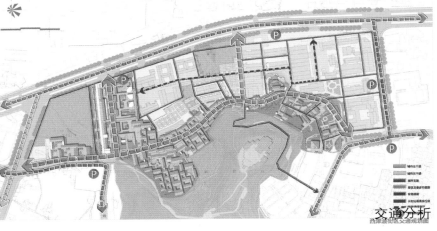

交通分析

西湖滨街区交通规划图

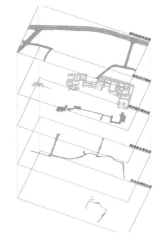

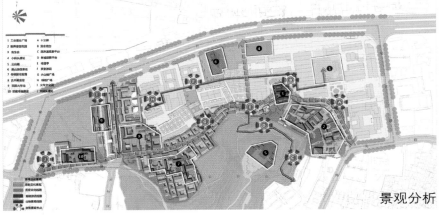

景观分析

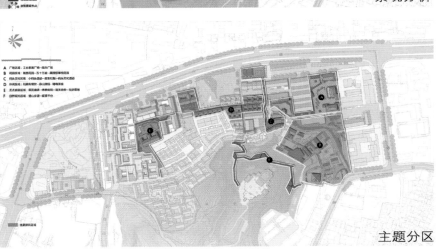

主题分区

肌理分析

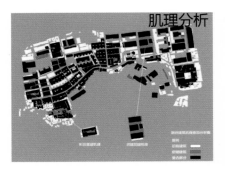

主要节点设计

通过具有工业元素的入口、二层廊道、两个集散处的工业景观装置，体现地块原有工业性质。

鉴园表演广场

入口大门
工业景观装置
二层连廊
表演舞台

民国雕塑花园

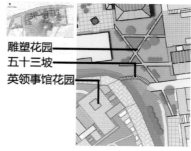

雕塑花园
五十三坡
英领事馆花园

花园原本作为东侧酒店的延伸部分，不具备吸引和引导人流的功能。规划其路径指向五十三坡，并和英领事馆花园结合。

小码头遗址及复原救生红船

小码头遗址
明清道路遗迹
复原救生红船

从街区主入口设置路径，引导至围绕小码头遗址的下沉广场。

四个救生红船模型引导人流至山上的救生会及其他码头文化遗迹，形成完整的码头文化活动流线。

原有戏台广场被厂房建筑压迫，且无休憩设施，遂将一部分厂房建筑架空为朝向戏台的茶座，连接至茶座的廊道将成为观赏空间的延伸。

戏台广场

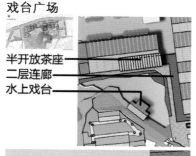

半开放茶座
二层连廊
水上戏台

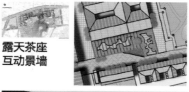

此地段处于街区动线末端，遂结合设计景墙与露天茶座，作为景观和功能两个吸引点吸引游客，并将蒜山游园利商街部分围墙改为景墙，进一步引导游客。

景墙茶座

露天茶座
互动景墙

艺术庭院

艺术展廊
下沉休憩草坪

结合功能规划中新增的美术馆，原有海关宿舍庭院改为下沉开放草地，面向美术馆次出入口，并围绕其设置空中展廊，延伸至东侧入口。沿展廊流线最终回到小码头街，形成完整结构。

云台山步道及观景平台

云台山步道
西津渡观景平台
镇江老城观景平台

再设计原有云台山步道，增加朝向西津渡和老城区的观景平台，平台向外出挑使人能分别从主入口街道和伯先路看到。步道由小码头街进入，在镇江博物馆背面结束，经英领事馆花园最终到达伯先路，实现西津渡街区和伯先路街区的进一步连接。

镇江大龙王巷历史街区城市更新

东南大学建筑学院城市规划系

指导教师：刘博敏

设计者：

姜挺倩　　胡珊珊

规划概况

三个历史文化街区位于镇江老城西区，是镇江城市历史文化资源最丰富地区，镇江历史文化名城的代表地区。

大龙王巷历史文化街区位于镇江古城区东侧，北临大西路，东至山巷，南为宝盖路，西与伯先路街区毗邻，规划用地面积 14.0 hm²。

光绪五年（1879）：漕运发达、渡口繁华。

清末：南马路（伯先路）建设完成街巷格局初现。

民国：沪宁铁路建成通车；大西路商业发展；街巷格局形成。

新中国成立后：古运河改道，中华路建设；大西路商业街兴盛；街区人气旺盛。

1990 年代：火车站搬迁、铁路停用；商业中心东迁，大西路衰败；
街区人口大量外迁，逐渐衰落。

2000 年以后：长江路、山巷拓宽；滨江旅游开发；西津渡街区更新。

基础研究

现状综合评价

1. 街巷活力差：街区的人口构成以老年人、流动人口为主，收入普遍较低，结构性失业严重，严重影响街区活力。

2. 建筑风貌乱：多户合租、违章搭建以及建筑年久失修、缺乏有效的管理和整治，没有专门规划指导，造成整片街区风貌的较乱。

3. 居住条件差：大量居住建筑质量较差，且缺乏完备的卫生设施，与居民生活密切相关的社区服务功能缺乏，街区内缺少公共活动空间。

4. 街巷交通组织不畅：周边地区缺乏足够的停车场地，内部街道狭窄，交通不畅。

发展定位

优势

1. 街巷空间格局与肌理的传承；
2. 文保单位、历史建筑众多；
3. 民国建筑风貌秀丽。

劣势

1. 建筑老化、基础设施滞后；
2. 人口锐减，成为老弱留守之地；
3. 时代变迁，功能衰退，活力差；
4. 非物质文化遗产严重失传。

机遇

基地地处老城区，起步时间早，各种功能完备，交通便利，迎合西津渡旅游的发展，更添活力。

挑战

基地内部管道建设、公厕等公共设施建设难度大，不能有效的解决，需要寻求新的解决模式。

镇江老城优秀传统历史生活街区

镇江"慢生活"文化养老社区示范区

总平面图

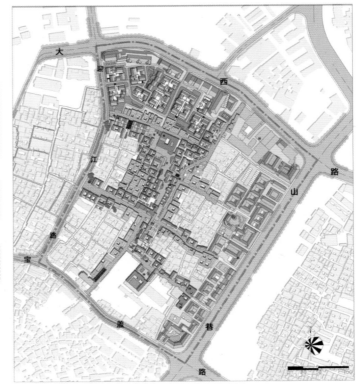

1.万家巷社区广场
2.万家巷贸易点
3.入口广场A
4.文化艺术长廊
5.社区活动中心入口广场B
6.社区活动中心
7.戏台休闲小游园
8.古井生活区
9.小游园入口
10.社区商业
11.镇江商会会所
12.入口广场C
13.玻璃连廊
14.社区绿地广场
15.茶馆
16.亭
17.公济药店老板公寓
18.火星庙戏台广场
19.柜直接别
20.毕业公所
21.山巷公所

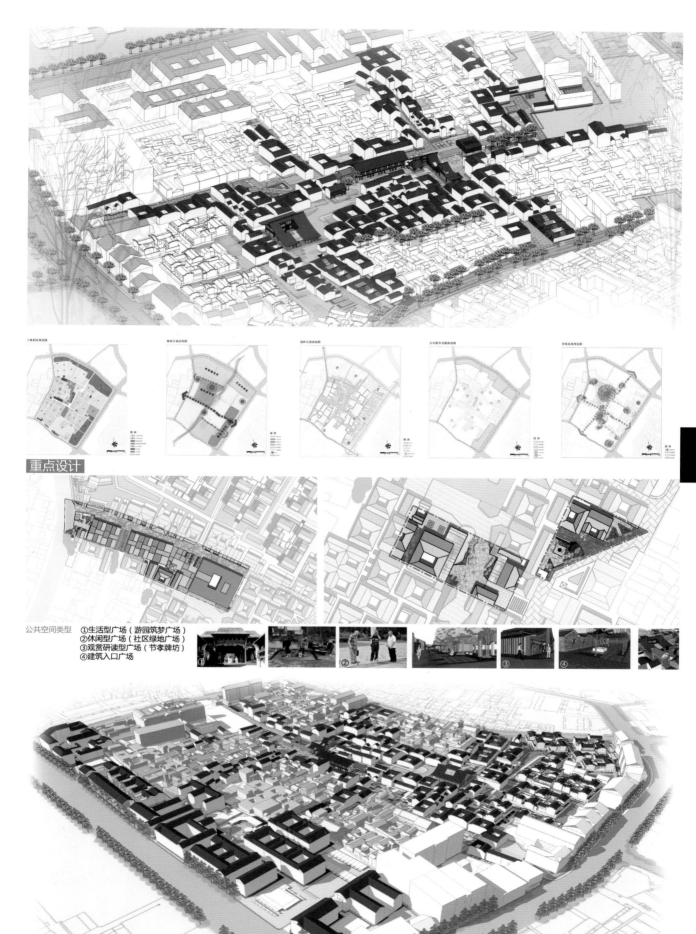

重点设计

公共空间类型　①生活型广场（游园筑梦广场）
②休闲型广场（社区绿地广场）
③观赏研读型广场（节孝牌坊）
④建筑入口广场

城市复兴视角下的城市设计

基地区位示意图

❼ 东营市东城核心区风貌特色城市设计

Style Urban Design of Dongcheng Core Area of Dongying Country

指导教师： 段 进　　张 麒

选题意义

通过挖掘、保护和凸显东营东城城市风貌特色，构筑充满活力、景观优美、具有地方特点的城市风貌特色，已成为东营城市发展转型的必然趋势。为了在城市建设中留住记忆，突出人本，凸显东营市独特的城市韵味，采取科学的空间风貌特色规划方法，提出合理有效的规划建设控制措施和规划管理手段。

选题背景

近年来，国家层面更加重视城市文化与特色，提倡要"发展有历史记忆、文化脉络、地域风貌、民族特点的美丽城镇"（《国家新型城镇化规划(2014—2020年)》），对城市风貌特色的提炼与保护、城市个性的凸显与塑造提出了新的要求。在此背景下，城市设计已变得刻不容缓。

教学目标及要点

风貌特色规划的重点是以"凸显特色、提升品质、延续文脉、完善功能、提高城市综合竞争力"为整体目标，以"确定风貌特色主题、架构整体特色框架、制定特色控制要点"为三大核心任务，难点是解决城市风貌特色"是什么""在哪建""怎么建"的问题。

设计成果

城市现状用地分析图
城市现状景观分析图
城市现状交通分析图
城市风貌特色资源分析图
城市地块开发建设情况汇总图
存在问题汇总图
特色资源梳理
空间风貌特色框架图
城市风貌特色展示系统图
空间风貌特色分区图

教学流程

现状调研，资源梳理（2-4周）

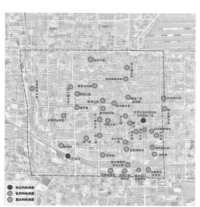

特色资源分级	编号	特色资源名称	位置
标志特色资源	1	广利河	东城核心区南部
	2	新世纪广场&市政府建筑群	市政府
优势特色资源	3	胜利大街	市政府以南
	4	明月湖国家湿地公园	广利河源河路段
	5	清风湖公园	胜利大街南南二
	6	黄河河口物理模型	胜利大街南二路
	7	油井	东城核心区
基本特色资源	8	明潭公园	黄河路东二路
	9	东营植物园	东一路南一路
	10	秋月湖公园	登州路黄河路
	11	翠湖公园	东一路沙河路
	12	胜利公园	北一路东一路
	13	东营珍果园	东二路沂河路
	14	孙子文化广场	东三路南一路
	15	廉洁文化园	东二路大渡河路段
	16	桥梁	东城核心区
	17	银座广场建筑群	黄河路东三路
	18	建材商贸城建筑群	府前大街东二
	19	东营职业学院建筑群	府前大街东一路
	20	水城之窗建筑群	胜利大街南二路

框架搭建，策略设计（8-12周）

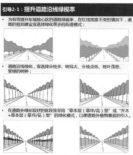

引导2-1：提升道路沿线绿视率

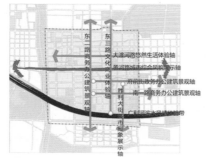

解读任务书，翻译文献（1周）

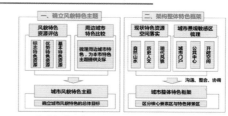

明确特色定位（5-7周）

重点地段，详细设计（13-16周）

东营市东城核心区风貌特色城市设计

东南大学建筑学院城市规划系
指导教师：段进　张麒
设计者：

巫义

郭宜仪

多方参与　多维互动　建构　城市风貌的定位和策略

规划师视角	公众视角	管理者视角
东城印象　资源评估	社会调查问卷	相关规划　门户网站
感性认知第一印象　竞争视角理性分析分类分级	感知要素统计分析	政府意志相关要求　对外宣传提取关键

深入分析研究

基于多维视角的景观风貌特色评价体系

重点元素整合概括

舒朗绿水，宜居新城

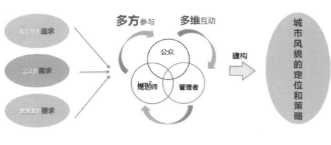

时

韵

风

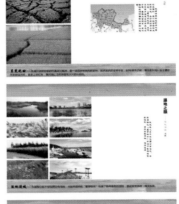

东城印象

特色资源分类			可以利用方式
自然山水资源	河流	广利河、东营河（北二路水系）、东青高速（东）水系（砥柱河）、银河、黄河路水系（秀水河）、东一路水系（思源河）、东二路水系（望月河）、东三路水系（汀芝河）、登州路水系（天际河）	观光、市民休闲
	公园（含湖面）	清风湖公园、明潭公园、明月湖国家城市湿地公园、东营市植物园、东营珍果园、秋月湖公园、翠湖公园、胜利公园	旅游、观光、市民休闲
历史人文资源	历史景观	无	观光、展览、怀古
	非物质文化资源	湿地文化、黄河文化、海洋文化、石油文化、农垦文化、移民文化、古齐文化、吕剧文化、兵家文化、绿化建设文化、坚忍不拔的城市精神	观光、展览、教育
	地方名人	孙武	展览、教育
	地方特产	利津水煎包、广饶肴驴肉、黄河口大闸蟹、黄河口刀鱼、麻湾西瓜	市民生活、休闲娱乐
现代风貌资源	广场	新世纪广场、孙子文化广场、廉洁文化园	观光、市民休闲
	建筑（群）	东营市政府建筑群、东营市吕剧博物馆及黄河口文化市场建筑群、东营职业学院建筑群、银座广场建筑群、东营电视塔、河海风情街、建材商贸城、水城之窗建筑群、水城雪莲大剧院、黄河河口物理模型、清风阁	市民休闲、娱乐观光
	街道	胜利大街、府前大街、南一路、黄河路、东二路、东三路、胶州路、金辰路美食街、运河路美食街、沂州路步行街	市民生活、休闲娱乐
	桥	东城核心区已建桥梁62座，规划桥梁74座，较具代表性的桥梁有玉带桥（清风湖公园内）、彩虹桥（东二路与南一路交汇处）和鉴桥（清风湖公园东侧）	旅游、观光

资源评估

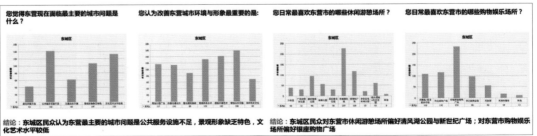

您觉得东营现在面临最主要的城市问题是什么？　您认为改善东营城市环境与形象最重要的是：　您日常最喜欢东营市的哪些休闲游憩场所？　您日常最喜欢东营市的哪些购物娱乐场所？

结论：东城区民众认为东营最主要的城市问题是公共服务设施不足，景观形象缺乏特色，文化艺术水平较低　结论：东城区民众对东营市休闲游憩场所偏好清风湖公园与新世纪广场；对东营市购物娱乐场所偏好银座购物广场

公众调查

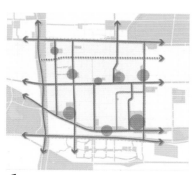

1

七纵五横八点，千米见水的湿地水链

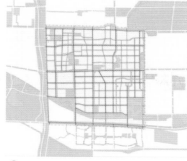

2

十四纵十二横，300m见绿的绿网

3

八纵八横，500m可达的园林样板路

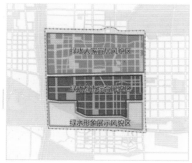

4

三大特色绿水风貌组团

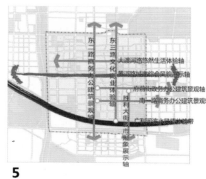

5

八条特色公共化界面

6

九个门户节点

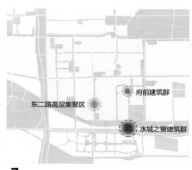

7

三片特色建筑群

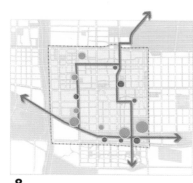

8

风车形绿道干线网络

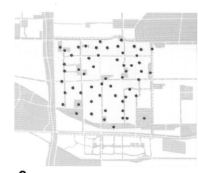

9

"500m见园"蓝绿开放空间系统

东营市东城核心区风貌特色城市设计

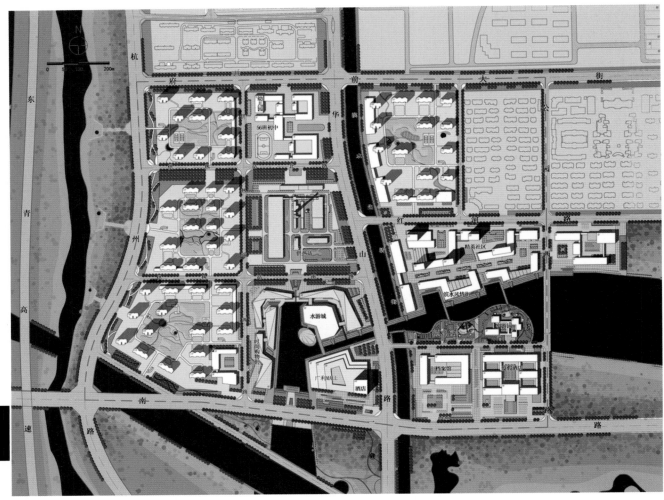

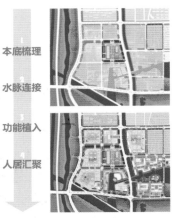

本底梳理

水脉连接

功能植入

人居汇聚

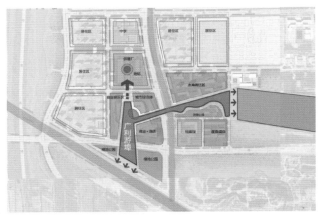

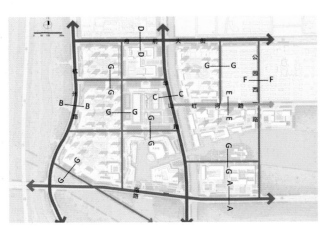

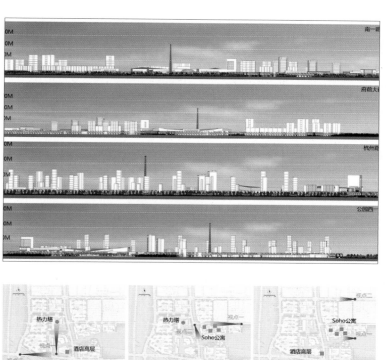

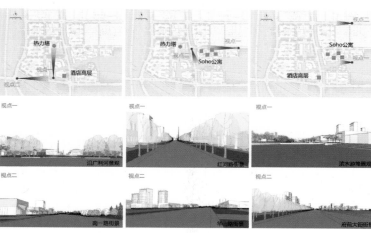

东营市东城核心区风貌特色城市设计

东营市东城核心区北二路沿线城市设计

东南大学建筑学院城市规划系
指导教师：段进 张麒
设计者：

马浩宇　施一峰

伍隽儒

总体定位

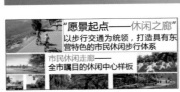

"愿景起点——休闲之廊"
以步行交通为统领，打造具有东营特色的市民休闲步行体系
市民休闲走廊——
全市瞩目的休闲中心样板

"愿景实现——活力之廊"
全时段活力营造，打造居住休闲、文化体验双高端的休闲文化带
活力激发源——
独具魅力的休闲空间

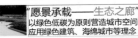

"愿景承载——生态之廊"
以绿色低碳为原则营造城市空间，应用绿色建筑、海绵城市等理念
生态新窗口——
低碳高效的开发模式

核心策略

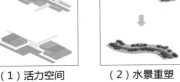

（1）活力空间　　（2）水景重塑　　（3）路网细化　　（4）景观融合　　（5）景观提升

系统规划

规划用地性质　　　　道路系统规划　　　　开发强度控制

绿地系统规划　　　　慢行系统规划　　　　地下空间开发

总体方案设计

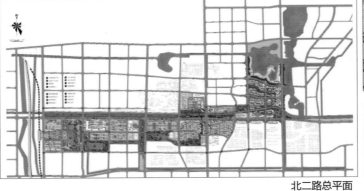

北二路总平面

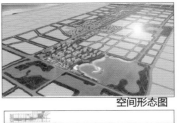

空间形态图

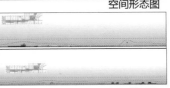

天际线设计

功能分区　　　　　规划结构

公共空间　　　　　景观结构

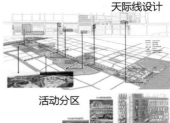

活动分区

节点 1

节点总平面

设计策略：

1)利用基地内天然的湿地资源，通过丰富的景观环境设计将其中的节点串联，形成极具东营特色的湿地景观风貌，营造悠然乐活的城市印象。

2)结合轨道交通站，设计集散人流的站前广场和商业配套设施，并通过轴线设计联系集散广场和湿地公园，丰富流线选择，打造活力十足的门户景观。

公共空间设计

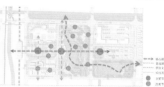

功能分区

规划结构

空间形态图　　核心轴线透视图　　站前广场鸟瞰图　　湿地公园鸟瞰图

节点 2

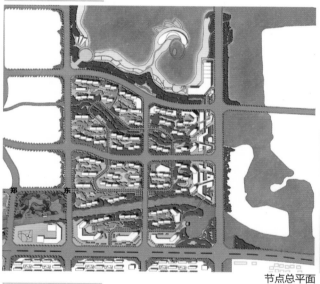

节点总平面

设计策略：

1)方案通过连续的公共设施带连接北二路与湖滨路商业群，引入步行商业内街连接公园与湖滨星级品牌酒店。

2)最大化利用水景，在湖滨打造活力四射的市民度假娱乐区域，沿滨水区域形成连续丰富的步行活动流线。

3)高档居住区引入自然水系景观，形成舒适宜居的生活环境。

公共空间设计

功能分区

规划结构

空间形态图

商业街鸟瞰图

节点 3

节点总平面

设计策略：

1)利用基地内自然的生态绿化空间，用绿化、水体将其中的节点串联。

2)北二路、东二路形成商业办公群，提高开发强度，打造北二路中部城市天际线。

3)滨河地段打造滨水商业街模式，建筑南高北低，南侧底层架空，北侧屋顶绿化，视线上可达；留出景观廊道与滨水步道。

功能分区

公共空间设计

规划结构

基地图

❽ 南京国际慢城蒋山规划
Jiang Shan International Slow City Planning

指导教师： 熊国平

选题意义

针对村庄生态环境持续恶化、乡村空间布局无序、乡村景观风貌退化等当代我国乡村发展普遍存在的现实问题，基于长三角快速城镇化地区村庄特点，开展乡村景观生态化规划设计研究，重点研究乡村生态化空间布局规划设计技术、乡村生态化院落规划设计技术、乡村公共空间景观生态化规划设计技术、乡村生态化基础设施规划设计技术等。完善以生态良好、环境优美、布局合理、设施全面为特征的长三角快速城镇化地区乡村规划建设技术体系，为长三角快速城镇化地区美丽乡村科学规划和生态环境改善提供综合技术支撑和示范。

选题背景

党的十八大把生态文明建设纳入"五位一体"的总布局，乡村生态建设是生态文明的重要组成部分。乡村生态文明建设是实现农业可持续发展、乡村和谐发展、农民物质生活和精神生活丰富、健康、幸福的重要保障与措施。长三角土壤肥沃、气候宜人、河湖众多、水网密布，具有良好的水乡风貌，作为中国综合实力最强的农业发达区之一，长三角乡村率先进入社会经济结构重塑，生产空间、生活空间和生态空间转型的新阶段。针对长三角快速城镇化地区地域特征，探索乡村生产高效有序、空间集约发展、生态可持续发展的生态化规划设计，是建设资源节约型、环境友好型、生态美丽型乡村的迫切需求，也是新阶段乡村发展的现实需求。

教学目标及要点

本项目以人居环境科学、城市经济学、城市地理学、城市社会学等学科理论为基础，在系统分析国内外已有研究成果和实践案例的基础上，采用理论与实践相结合的研究方法，旨在通过长三角乡村规划重点问题研究，指导蒋山规划和建设。长三角快速城镇化地区，城镇化和工业化的快速推进使得村庄发展，尤其是物质空间环境方面，面临一系列矛盾和问题，诸如空心村普遍、生态环境形势严峻、基础设施落后、建房混乱等。研究难点在于集成村庄生态化规划设计技术，通过开展村庄生态适宜性空间布局评价，为构建适宜于乡村地域特色与发展阶段的规划建设提供理论和技术支持。

设计成果

指导学生完成国内外相关村庄生态化技术的文献翻译与思考，根据学生各自的研究方向，结合课题的目标与要求，在乡村生态化空间布局规划设计研究和乡村生态化院落规划设计研究两个方向指导学生构建技术路线，大量走访长三角典型乡村，积累了大量研究材料。带领学生实地调研南京蒋山村国际慢城。学生通过自主研究和多次与村庄专家等研讨，从定性到定量，从个案到普遍，从理论到实践，选取案例庭院以及公共空间进行相关设计，将生态化技术因地制宜地运用到实际案例中，完成了相关技术层面的图纸。

蒋山村区位图

蒋山村总平面

重点公共空间区段现状总平面

重点改造庭院现状总平面

教学流程与设计进度

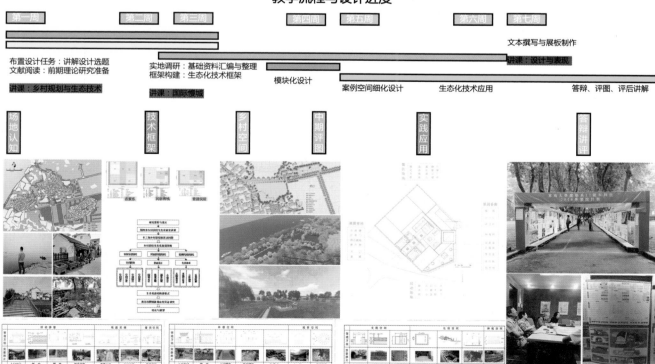

南京国际慢城蒋山规划

东南大学建筑学院城市规划系

指导教师：熊国平

设计者：

袁世举　　陈翰文

080

蒋山村位于南京高淳区固城镇，地处固城湖东岸，三面环水，距离县城 15 km，距离南京禄口机场 69 km，距离南京市区 107 km，约 1.5 小时车程。两位同学的研究重点分别是公共空间生态化和庭院空间生态化，在研究的基础上，以蒋山村为例进行了实证设计。

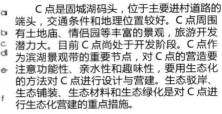

设计一

C 点是固城湖码头，位于主要进村道路的端头，交通条件和地理位置较好。C 点周围有土地庙、情侣园等丰富的景观，旅游开发潜力大。目前 C 点尚处于开发阶段。C 点作为滨湖景观带的重要节点，对 C 点的营造要注意功能性、亲水性和趣味性，要用生态化的方法对 C 点进行设计与营建。生态驳岸、生态铺装、生态材料和生态绿化是对 C 点进行生态化营建的重点措施。

a 为当前防洪驳岸，缺少植被覆盖，微环境差，不符合生态化的理念。当前防洪堤坡角小、坡程短，本方案从生态保护的角度出发，建议 a 使用更为生态的干砌石护坡，这种护坡表面有供植物生长的缝隙，能有效连系水陆环境，营造良好的水陆生态系统。

规划的码头由服务大厅和登船栈道两部分组成。服务大厅承担售票、等候等功能，由石材、砖瓦和木材建造而成，造型仿照江南民居，体现古朴和乡土的特色。

c 的铺地表层采用了砖材和石材等有缝隙可透水的铺装，但表层下面采用了混凝土找平层，这种铺装没有发挥出原本应该具有的生态性。

e 和 f 分别是不同岸线的驳岸。e 段驳岸距码头较近，坡角很小，坡面较长，可以与码头结合构成亲水岸线，基于对亲水性的需求，设计 e 段驳岸为堆石驳岸，由小鹅卵石堆砌而成。f 段驳岸对亲水性和防护性要求较低，因此构筑生态性更好，成本更低的植物驳岸。

设计二

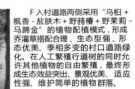

F 入村道路两侧采用"乌桕 + 枫香 - 盐肤木 + 野鸦椿 + 野茉莉 - 马蹄金"的植物配植模式，形成乔灌草搭配合理、生态型强、形态优美、季相多变的村口道路绿化。在人工繁殖行道树的同时允许其他植物的自由繁殖，最终形成生态效益突出、景观优美、适应性强、维护简单的植物群落。

设计三

  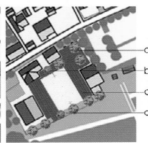

a：在树下面增设器材活动区；b：增加遮阴；c：减少混凝土铺装，改造为透水铺装；d：混凝土铺装改为软地

现状分析

案例庭院选址区位图

案例农家乐庭院现状图

案例民宿客栈庭院现状图

案例普通民居庭院现状图

改造设计

案例农家乐庭院改造平面图　　案例民宿客栈庭院改造平面图　　案例普通民居庭院改造平面图

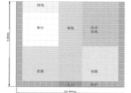
农家乐庭院模式图

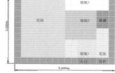
民宿客栈庭院模式图

普通民居庭院模式图

剖面分析图

空间效果

听荷轩

月亮门

鸟瞰图

大门入口　　　　　果园石凳　　　　　廊道空间

南京国际慢城蒋山规划

基地区位示意图

❾ 雨花台区商务商贸空间规划

Business Space Planning of Yuhuatai District

指导教师： 熊国平

<table>
<tr><th>选题意义</th><th>选题背景</th><th>教学目标及要点</th><th>设计成果</th></tr>
<tr>
<td>

随着市民经济收入水平、生活水平的提高，以及近年信息网络和移动终端的迅速发展，市民的消费需求与消费习惯都发生了巨大变化。城市商务商贸空间与网络购物平台的错位发展，与网络社交平台的相互促进都将成为未来影响城市商业发展的重要因素。消费需求的多元化与消费方式的信息化将推动商贸商务业的服务方式、功能组成的革新。

应对雨花台区商务商贸规划，必须对现阶段宏观经济形势、国内外商贸流通业发展规律、环境和总体趋势进行全面分析研究，借鉴国内外城市商业发展的先进理念，结合新时期促进商贸流通业现代化发展的新要求，以便前瞻性地提出规划期内雨花台区商贸流通业发展战略、发展目标、发展思路和发展重点。

</td>
<td>

随着"十三五"的到来，苏南地区经济进入新常态时期。一方面，经济发展速度放缓，对量的追求转为对质的关注，对城市建设质量的要求也在不断提升，商务商贸业发展模式、空间布局将向高效、集约发展。另一方面，经济发展由依赖外向出口向拉动内需转变，需要培育消费热点、优化消费环境，也要求商务商贸业的带动作用与服务能力的提升。

南站发展日渐成熟，城市南部新中心成型；两桥地区改造，功能优化提升；梅钢的搬迁改造，打造文化创意产业，城市的重要功能节点的发展城市与改造提升，使雨花台区的商务商贸发展的条件得到了提升，将推动商务商贸业的整体提升、功能优化、结构完善，为其发展带来了新的机遇。

</td>
<td>

本项目以人居环境科学、城市经济学、城市地理学、城市社会学等学科理论为基础，在系统分析国内外已有研究成果和实践案例的基础上，采用理论与实践相结合的研究方法，旨在通过商务商贸空间规划重点问题研究，指导雨花台区商务商贸空间规划和建设。

对现阶段宏观经济形势、国内外商贸流通业发展规律、环境和总体趋势进行全面分析研究，借鉴国内外城市商业发展的先进理念，结合新时期促进商贸流通业现代化发展的新要求，以全市商贸体系规划为指导，前瞻性地提出规划期内雨花台区商贸流通业发展战略、发展目标、发展思路和发展重点。

</td>
<td>

指导学生完成国内外相关文献的翻译与思考，根据学生各自的研究方向，结合课题的目标与要求，在商务商业中心体系研究、生活类商业设施研究、产业类商业设施研究三个方向上指导学生构建技术路线，对现状商业网点设施的空间布局、规模总量、业态结构等情况开展深入调研，分析存在问题及原因，评估商业网点规划实施情况，研究分析影响商业设施建设的相关因素，以问题为导向，以服务片区发展、满足市场需求为目标，依据雨花台区总体规划、详细规划和土地利用规划，科学确定片区商业中心体系，合理安排各等级商业服务设施规模，从而提出与片区发展相适应的规划目标、定位、布局和发展策略，完成了相关技术层面的图纸。

</td>
</tr>
</table>

雨花台区商务商贸空间规划

区域位置图	周边区域关系图	商务设施现状分布图	中心体系规划

教学流程与设计进度

2016/1-2016/2	2016/2-2016/3	2016/3-2016/4	2016/4-2016/5	2016/6
搜集文献，进行前期理论研究与准备工作	现状调研与分析，总结特征，进行各部分的研究和撰写工作，构建理论框架，完成雨花台区商务商贸规划进行分析	形成雨花台区商务商贸规划设计实践成果，总结发展模式	完成本项研究的所有内容，对项目进行全面总结，撰写专题研究报告，绘制图纸	成果编制并完成答辩

教学流程与设计进度相关图片

场地认知	空间构成	技术分析	实践应用	答辩讲评

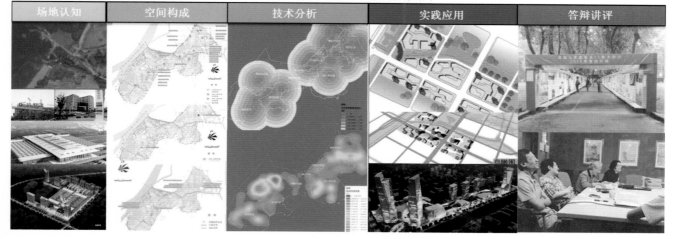

雨花台区商务商贸空间规划

东南大学建筑学院城市规划系
指导教师：熊国平
设计者：

高典　　闫江东

滕腾

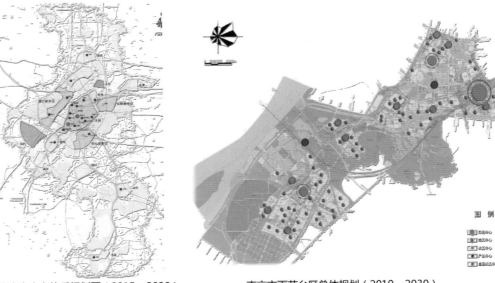

南京市中心体系规划图（2015—2030）　　　　南京市雨花台区总体规划（2010—2030）

现状分布

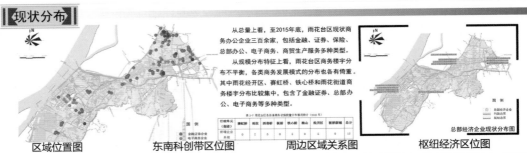

从总量上看，至2015年底，雨花台区现状商务办公企业三百余家，包括金融、证券、保险、总部办公、电子商务、商贸生产服务等多种类型。

从规模分布特征上看，雨花台区商务楼宇分布不平衡，各类商务发展模式的分布也各有倚重。其中雨花经开区、赛虹桥、铁心桥和雨花街道商务楼宇分布比较集中，包含了金融证券、总部办公、电子商务等多种类型。

区域位置图　　东南科创带区位图　　周边区域关系图　　枢纽经济区位图

根据《南京市商业网点规划（2015—2030）》的商业中心体系规划，规划形成2个市级商业中心、6个市级商业副中心、27个地区级商业中心。在雨花台地区设置城南市级中心、板桥地区级新城中心。近期加快推进高铁南站高端商务区、板桥新城商务集聚区建设。

雨花台区位于南京市南部，东、南与江宁区相连，北接秦淮区和建邺区，西临长江，面积132.39 km²。雨花台区下辖赛虹桥街道、雨花街道、西善桥街道、板桥街道、铁心桥街道、梅山街道6个街道和开发区、板桥新城。

现状企业分布

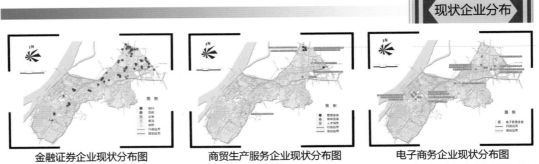

金融证券企业现状分布图　　商贸生产服务企业现状分布图　　电子商务企业现状分布图

现状：从总量上看，截至2015年底，雨花台区现状商务办公企业三百余家，包括金融、证券、保险、总部办公、电子商务、商贸生产服务等多种类型。其中，2015年新增总部办公12家，总办公面积近10万m²。

分析：从规模分布特征上看，雨花台区商务楼宇分布不平衡，各类商务发展模式的分布也各有倚重。其中雨花经开区、赛虹桥、铁心桥和雨花街道商务楼宇分布比较集中，包含了金融证券、总部办公、电子商务等多种类型。

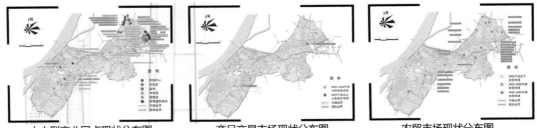

大中型商业网点现状分布图　　商品交易市场现状分布图　　农贸市场现状分布图

截止到2014年底，雨花台区2000 m²以上的商业网点总计137个，包括购物中心、百货店、专卖店、连锁店、超市、农贸市场、酒店、宾馆、餐饮店、家居建材商店、专业批发市场、物流、商业街、旅游商业区（街）等业态类型，总营业面积为269.1万m²。

从统计图表上来看，雨花台区商业网点分布不平衡。赛虹桥街道、雨花街道和板桥街道商业网点分布较为密集，数量占总体的70%；经济开发区虽然网点数量少，但是营业面积很大，占总体营业面积的58.31%。

◤ 中心体系 ◢

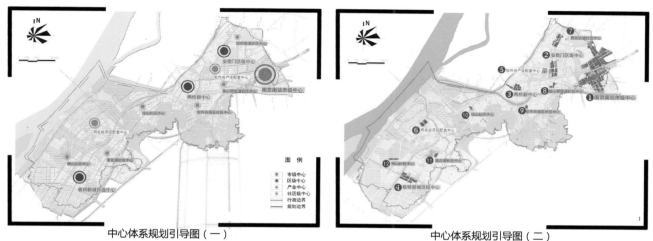

中心体系规划引导图（一）　　　　中心体系规划引导图（二）

目标与对策：针对现状中心体系尚未形成的问题，规划形成市级—区级—社区级—基层社区级的四级中心体系。

布局：规划市级商务商贸中心1处，即南站市级商务商贸中心；规划区级商务商贸中心3处，即两桥区级中心、安德门区级中心及板桥新城区级中心；规划产业中心2处，即软件谷产业中心、雨花经开区产业中心；规划社区级商业中心6处，即莲花湖、梅山、岱山、软件谷南区、铁心桥街道、雨花街道社区中心；基层社区级商业中心：按照服务人口0.5万～1万人配建基层社区商业中心。

◤ 技术分析 ◢

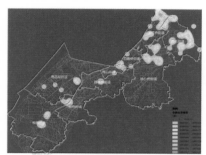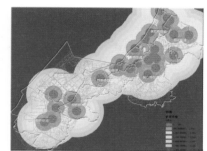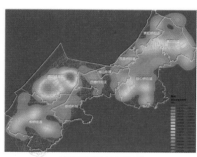

电子商务密度分析　　　　　　　　　农贸市场密度分析　　　　　　　　　商务商贸密度分析

◤ 规划布点 ◢

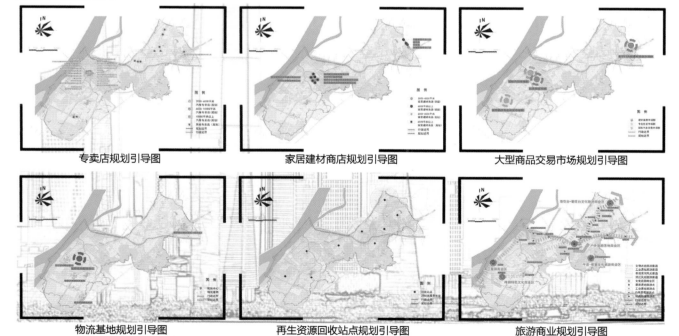

专卖店规划引导图　　　　　家居建材商店规划引导图　　　　大型商品交易市场规划引导图

物流基地规划引导图　　　　再生资源回收站点规划引导图　　　旅游商业规划引导图

选址原则：注重结合商业中心功能区和商业街的发展，起到支撑商业中心和商业街发展的骨干作用，选址应选择在交通比较方便之处；新设置的商品交易市场需要考虑与交通枢纽的结合，以及与市中心的距离；农贸市场（生鲜超市）按照500～1000 m左右的服务半径设置1处，营业面积3000 m²以上，服务人口一般为2万人左右；商业街规模标准为：综合性商业街长度一般大于500 m，专业性商业街可以根据其实际情况确定其长度规模，但一般不小于300 m。

雨花台区商务商贸空间规划

宣城

基地区位示意图

❿ 颐园·养老地产项目设计

Yi Garden_Pension Real Estate Design

指导教师： 陈晓扬

选题意义

对中国现代养老社区的设计有示范意义。设计试图成为中国现代老年社区的领跑者，探索前沿的养老模块，关注养老社会化服务需求，打造专业"管家式"社区服务体系，组织复杂多样的后勤服务体系，掌握养老的运营模式，为未来老人打造一个一站式养老服务，满足各层次个性化需求的活力型社区。

对当代老年人的养老生活舒适化有深刻的发展意义。集独立生活、协助生活、专业护理、记忆障碍、医院、健康管理中心及养生会所于一体的功能完善，配套齐全的新型养老社区；涵盖了居家生活、美食餐饮、医疗护理、健康管理、健康检查、文化娱乐、健身运动等全方位的服务，各个模块间相互关联并可以根据老人健康状况相互置换。

选题背景

据统计，2010年我国60岁以上的老年人口已经达到1.776亿，占总人口的13.26%。据预测，2030年我国的老年人口将达2.48亿，2050年将达4.37亿，届时老年人口的比重将达到总人口的31.2%，也就是说每3~4个人当中，就会有一个是老年人。

养老产业并不是传统意义上的独立产业，是随着财富阶层的增加和人口老龄化以及人口年龄结构的转变，为满足这样一些人群的需求而出现的新兴产业；是指为有养生需求人群和老年人提供特殊商品、设施以及服务，满足有养生需求人群和老年人特殊需要的、具有同类属性的行业、企业经济活动的产业集合。

我国政府已开始高度重视养老问题，养老产业面临前所未有的发展机遇。

教学目标及要点

教学要点
（1）社区总平面规划
（2）单体建筑设计
（3）老年住宅及公寓的设计方法
（4）设计方案的整体表达
（5）养老地产的设计研究

工作目标
根据任务要求以及甲方动态需求，完成规划设计、调整及单体设计方案，完成毕业设计过程中有快速设计的训练内容。

设计成果

以养老地产为主，为一站式养老社区。

设计任务包括：
（1）综合分析：包括项目区位、基地概况现状及周边情况分析，设计构思、总体规划、交通分析等；
（2）鸟瞰图、主要透视图等；
（3）总平面图及相应经济技术指标，所负责地块内建筑单体平面图、剖面图、立面图。
（4）彩色总平面图及内部交通流线分析、功能分析、景观分析、停车分析、消防分析、日照分析等。

颐园·养老地产项目设计

教学流程与设计进度

第一周	第三周	第五周	第七周	第九周	第十一周	第十三周	第十五周	第十六周

布置设计任务　　场地分析
任务书解读　　总图布置、户型设计　　　　　　　酒店、商业、大学设计　　　　　　　最终平面、模型
场地研究　　　　中期检查　　　　　　　　　　　模型推敲　　　　　　　　　　　　　制图、文本

東南大学建筑学院毕业设计作品选集 (2015—2016)

088

颐园·养老地产项目设计

东南大学建筑学院建筑系
指导教师：陈晓扬 张李瑞
设计者：

戴嘉熙　　张维一

阮立德

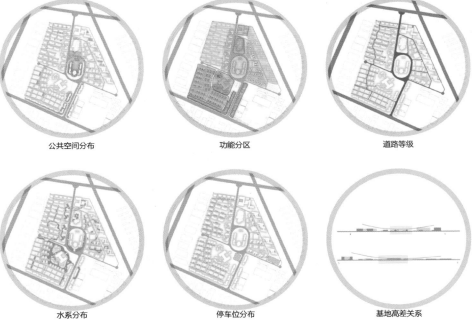

公共空间分布　　　　　功能分区　　　　　道路等级

水系分布　　　　　停车位分布　　　　　基地高差关系

沿街商业

酒店鸟瞰

别墅鸟瞰

花园洋房宅间路

花园洋房立面

千人广场商业街

老年大学鸟瞰

老年大学内院

养老公寓

淋浴系统

走道扶手

浴霸

无障碍设计洗手池

单人经济户型剖面

无障碍橱房
操作平台

浴霸

扶手

双人舒适户型剖面

千人广场鸟瞰

颐园·养老地产项目设计

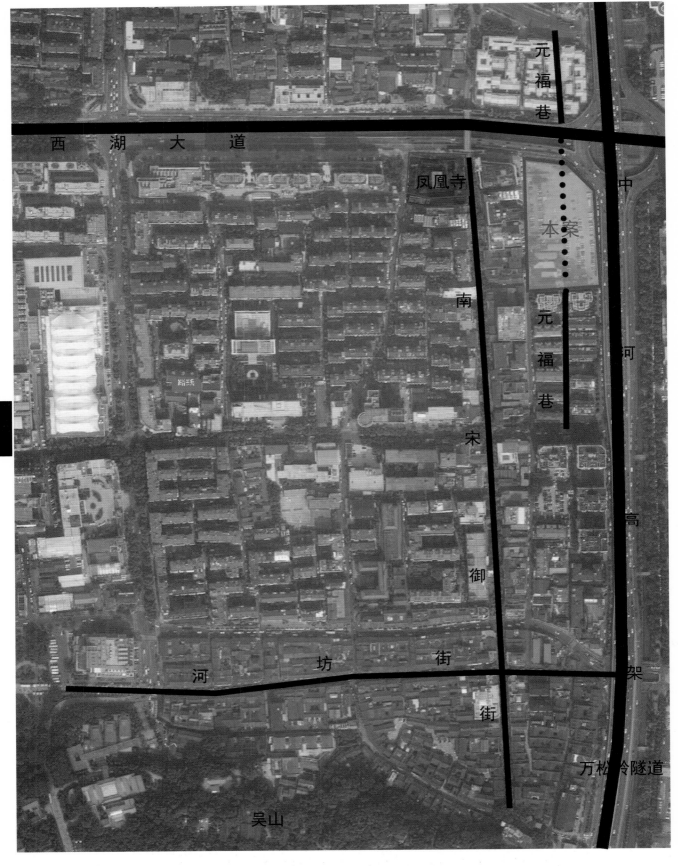

基地区位示意图

⓫ 南宋民俗博物馆及街区复兴策划及设计

Design and Planning for The Folk Museum of Southern Song Dynasty & Block

指导教师：　　王幼芬

项目概况

　　基地位于杭州市中山路南宋御街遗址附近的元福巷地块，建筑用地面积9500㎡，总建筑面积不小于25000㎡，其中地上建筑面积12000㎡（其中包括建筑面积6000㎡的民俗博物馆和不小于6000㎡的建筑设计策划），地下建筑面积13000㎡。该地块目前为已闲置多年的空地，如何根据基地及周围城市街区环境的特点，寻找需要解决的问题，并针对性地进行场地内的建筑设计及策划，以激活该地块，提升其活力，并建立起与周边环境及中山路传统商业街的有效联系，是本次毕业设计的主要内容。

教学的目标及要点

　　通过实地调研、场地环境分析、地块策划及建筑设计，训练学生从城市环境出发，发现并提出问题，由问题引发概念，展开构思，逐步解决与城市、场地、功能相关联的建筑设计问题。
　　（一）地块策划要求：
　　1. 对基地及周边环境进行深入调研，研究该街区的历史，收集有关交通、环境、空间、建筑、人们的行为及活动模式等第一手资料，并进行分析。
　　2. 在调研及分析的基础上，以街区复兴，考虑市民日常使用，提升该地区活力为目标，针对性地提出本地块需要回应并解决的实际问题。
　　3. 针对问题进行场地、建筑的策划及设计。
　　4. 合理利用地下空间解决机房及停车问题。
　　（二）南宋民俗博物馆设计要求：
　　1. 要求创造博物馆与场地与周边环境及场地内策划建筑部分具有良好的互动关系的布局形式。
　　2. 研究博物馆的各项功能、流线和空间序列，并进行合理的组织。
　　3. 博物馆要求相对独立，并具有一定的公共性和开放性。
　　4. 满足消防、疏散的规范要求。

设计成果

　　（一）课题调研报告
　　（二）图纸：
　　完成图纸量按每人7张以上A1图纸计，其中：
　　1. 总体策划部分：
　　包括总平面布局，一、二、三层组合平面图，总体鸟瞰，主要街区空间节点透视图主要立面、剖面图。
　　2. 民俗博物馆部分：
　　场地区位图，总平面图1：500
　　各层平面图、4个立面图、2个以上的剖面图、室内外透视若干
　　设计分析图，设计说明与经济技术指标
　　（三）模型：
　　整体模型（带场地），1：400（材料自定）
　　（四）PPT答辩演示文件一份

南宋民俗博物馆及街区复兴策划及设计

教学流程与设计进度

时间	课程设计内容	成果提交
第一周	讲解设计任务书，场地踏勘，调研若干新老城市街区、博物馆建筑	调研报告
第二周	调研报告介绍讨论交流，梳理问题。街区复兴案例分析，布置翻译文章	调研报告（PPT）、案例分析（PPT）
第三周	博物馆案例分析，概念构思研讨（场地、功能策划、布局）	案例分析（PPT），概念构思（PPT），场地模型（1:500）
第四周	总体布局及建筑设计概念方案讨论	2份构思草图、Sketch Up、手工概念模型
第五周	确定总体布局及建筑设计概念方案方向、研究街道空间、博物馆空间	总平面图、Sketch Up、手工概念模型
第六周	深化总体布局及建筑设计方案（平、剖面空间及尺度分析），研究空间关系	总平面图、Sketch Up、手工概念模型，主要剖面关系，提交翻译文章及原文
第七周	设计深化、博物馆及策划部分的功能、流线、组织	总平面图、Sketch Up、手工概念模型，一二层组合平面图
第八周	中期检查，调整深化总平面设计，各层平面设计	总平面图、各层平面图、Sketch Up模型
第九周	平面、剖面调整深化，地下车库的布置原则	总平面图、各层平面图、剖面图、Sketch Up
第十周	设计深化调整，调整深化空间关系、流线关系	平立剖面深化图、流线关系图、Sketch Up
第十一周	设计方案深化、修正，深化场地设计修正空间关系，平立剖面关系	总平面图、各层平面图、场地布置图、Sketch Up
第十二周	设计方案修正、完善，场地设计完善	总平面图、平立剖面图、Sketch Up
第十三周	深化设计表达（总平面、各层平面、场地）梳理概念及构思表达	总平面图、平立剖面图、场地布置图、Sketch Up、概念构思表达图
第十四周	深化修正设计表达（总平面、各层平面、场地）概念及构思表达深化	主要透视图、空间节点图、概念构思表达图、Sketch Up、模型、指标、设计说明
第十五周	设计表达、修正、完善	网上提交设计文本
第十六周	终期答辩	PPT介绍（6分钟），A4文本

东南大学建筑学院毕业设计作品选集 (2015—2016)

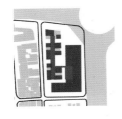

南宋民俗博物馆及街区复兴策划及设计

东南大学建筑学院建筑系
指导教师：王幼芬
设计者：

董虹韵

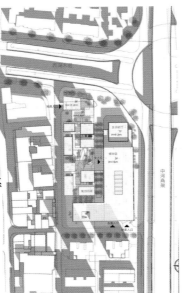

总平面

二层平面

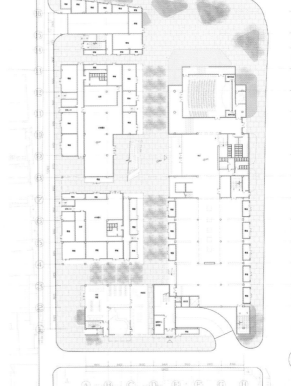

三层平面

一层平面

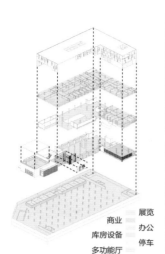

商业
库房设备
多功能厅
展览
办公
停车

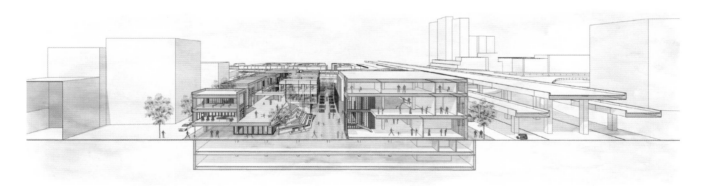

剖面 1-1

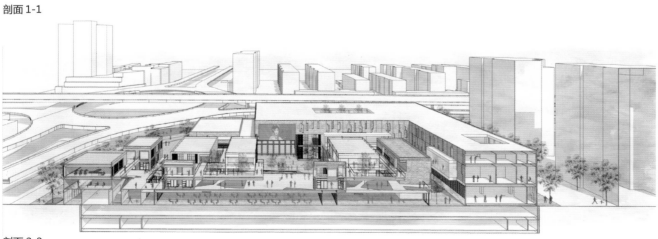

剖面 2-2

南宋民俗博物馆及街区复兴策划及设计

南宋民俗博物馆及街区复兴策划及设计

东南大学建筑学院建筑系
指导教师：王幼芬
设计者：

王 缘

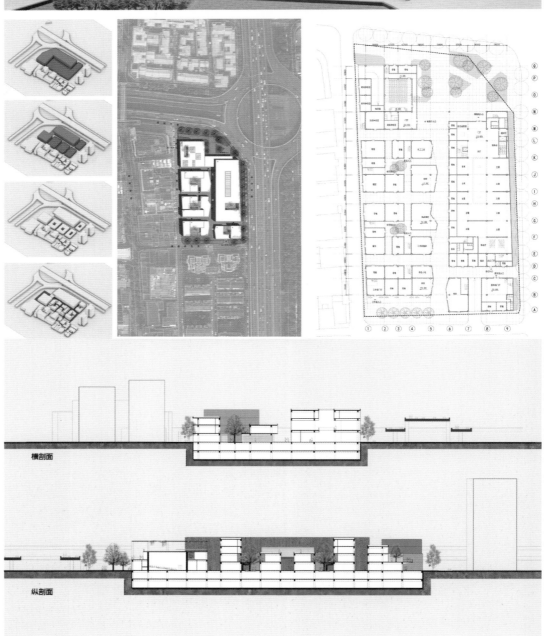

横剖面

纵剖面

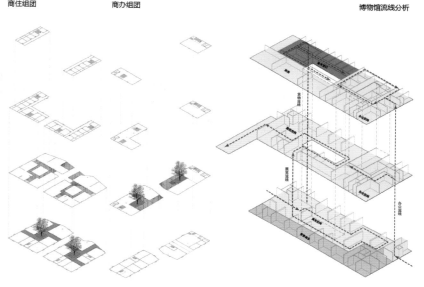

体验区流线分析

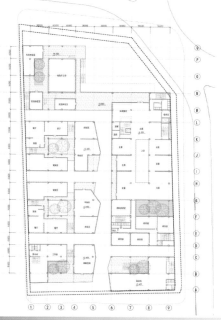

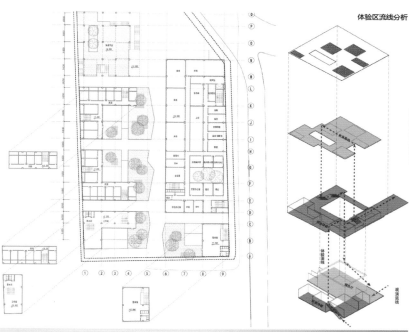

南宋民俗博物馆及街区复兴策划及设计

南宋民俗博物馆及街区复兴策划及设计

东南大学建筑学院建筑系
指导教师：王幼芬
设计者：

凯力克

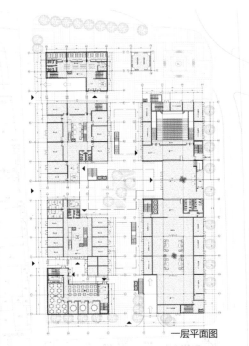

一层平面图

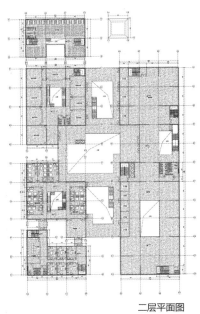

二层平面图

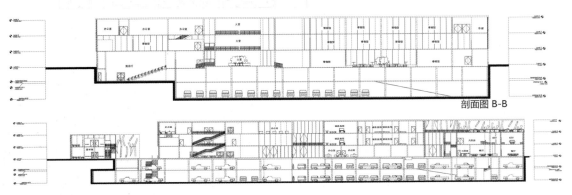

剖面图 B-B

剖面图 A-A

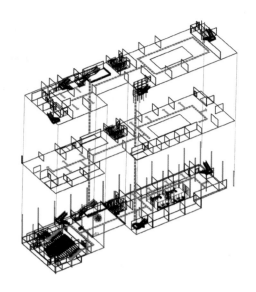
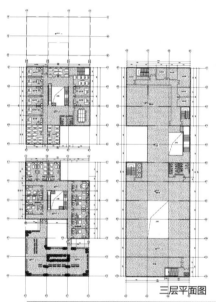
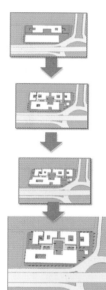

三层平面图

总平面

南宋民俗博物馆及街区复兴策划及设计

东
南
大
学
建
筑
学
院
毕
业
设
计
作
品
选
集
(2015—2016)

南宋民俗博物馆
及街区复兴策划
及设计

东南大学建筑学院建筑系
指导教师：王幼芬
设计者：

李姝睿

活动　　　　　　　　空间　　　　　　　　生成

半开放庭院　　　广场

内院　　　　　平台

院落生成

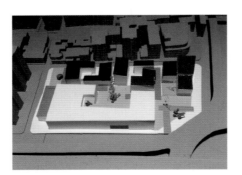

过程模型

最终模型

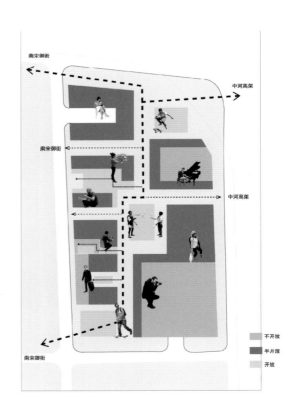

南宋御街

中河高架

南宋御街

中河高架

南宋御街

不开放
半开放
开放

空间渗透

总平面

一层平面

南宋民俗博物馆及街区复兴策划及设计

二层平面

三层平面

博物馆功能分解

博物馆流线

南立面

西立面

A-A 剖面

B-B 剖面

东
南
大
学
建
筑
学
院
毕
业
设
计
作
品
选
集
(2015—2016)

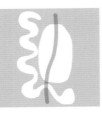

**南宋民俗博物馆
及街区复兴策划
及设计**

东南大学建筑学院建筑系
指导教师：王幼芬
设计者：

肖芳

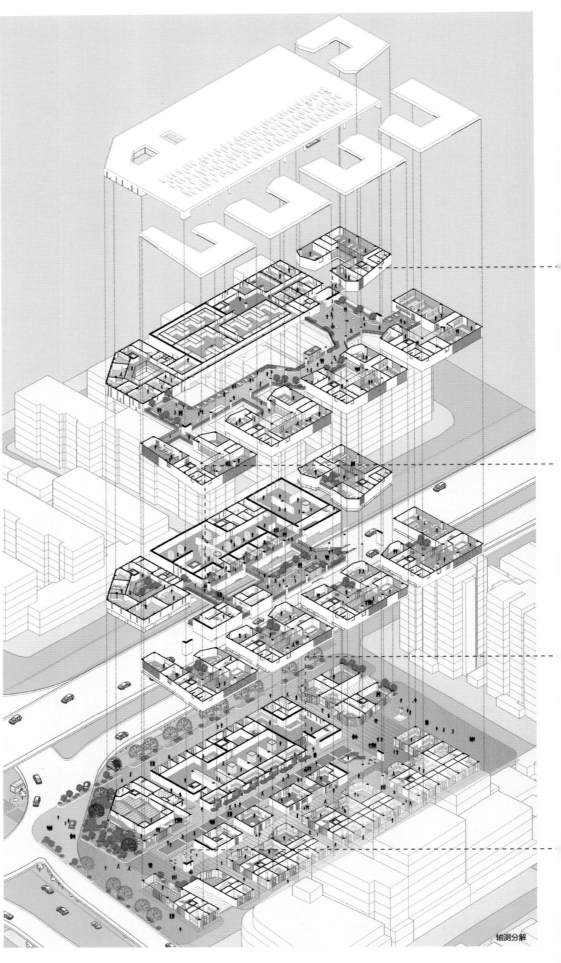

轴测分解

指标名称	数量
总用地面积	9521.89㎡
建筑占地面积	4684.19㎡
总建筑面积	27529.69㎡
其中　地上建筑面积（计容）	12849.83㎡
地上建筑面积（不计容）	2027.43㎡
地下建筑面积（不计容）	12652.43㎡
博物馆面积	6520.28㎡
其中　展览面积	1453.64㎡
活态展示面积	800.24㎡
多功能厅面积	442.15㎡
商业面积	171.26㎡
策划建筑面积	6329.55㎡
其中　策划商业面积	1846.54㎡
策划文创工坊面积	2241.50㎡
策划民俗工坊面积	2241.50㎡
容积率	1.35
建筑密度	49.20%
机动车停车位	284个

二层平台

"咦，旁边的小房子里办公环境很不错嘛，拍照给我们小团队看看。"

"在这边策划个临时创意市集应该很合适喔。"

"在这儿坐坐享受午后阳光也挺好的。"

二层片墙

"刚刚那师傅剪纸的手艺简直惊人，我都看呆了。"

"我能不能晚点到，这博物馆太好玩了，我想多看看。"

"改天约老伙计们来这儿聚聚，聊聊以前的故事。"

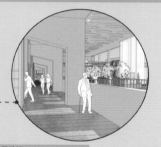

一层元福巷

"这块地荒废多年，没想到全新打造后居然唤起了我久远的记忆。"

"店主推荐我们去绣坊，有专业绣娘教绣小玩意呢！"

"宝宝啊，妈妈小时候就是在这种巷子中长大的哦。"

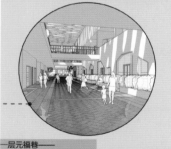

一层窄巷

"喂，我到元福巷啦，三层茶座是吧？今天又有什么户外展啊？"

"南宋人的生活真雅致啊，一路逛过来真长见识。"

"爸爸，这个博物馆好玩好特别啊，好多好玩的东西在巷子里呢，闭馆了也可以过来玩！"

老巷重生记

　　该案位于杭州市中山路南宋御街遗址附近的元福巷历史地块南片，内有始于宋朝的元福巷穿过，巷两侧原多为清末民初的杭州民居，生活气息浓郁。城市高架的建设使老巷被割裂为南北两个部分，地块北片被打造为高端中式别墅区而高墙紧闭，地块南片在被夷为平地后已闲置多年，仅用作地面停车。

　　本案顺应城市肌理、留存城市记忆而保留了元福巷路径，并将其置入开放性需求高的民俗博物馆中，从而启动了街中有馆、馆中有巷、巷中有生活的街区复兴设计，老巷作为文化展示和地块激活的重要媒介而焕然新生。

　　重生的老巷不仅水平路径通达，建立起与城市空间的积极联系，而且结合功能策划立体生长，将街区凝聚为一个文化氛围浓厚的整体，并充分挖掘地下空间解决临近区域停车问题，再度积极地融入了城市的日常生活。

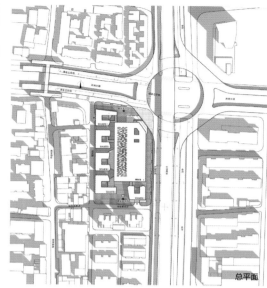

总平面

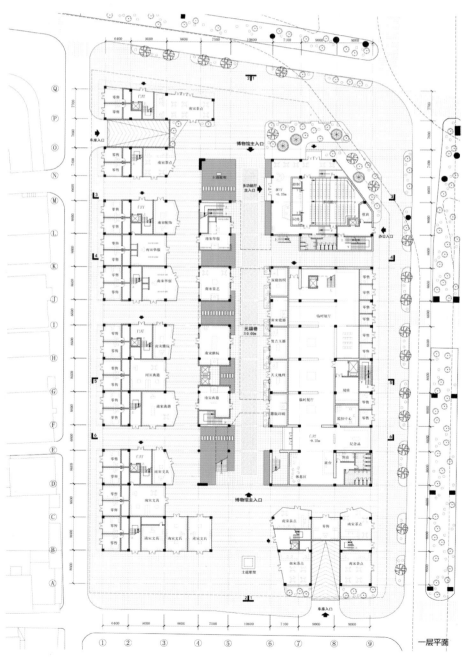

一层平面

南宋民俗博物馆及街区复兴策划及设计

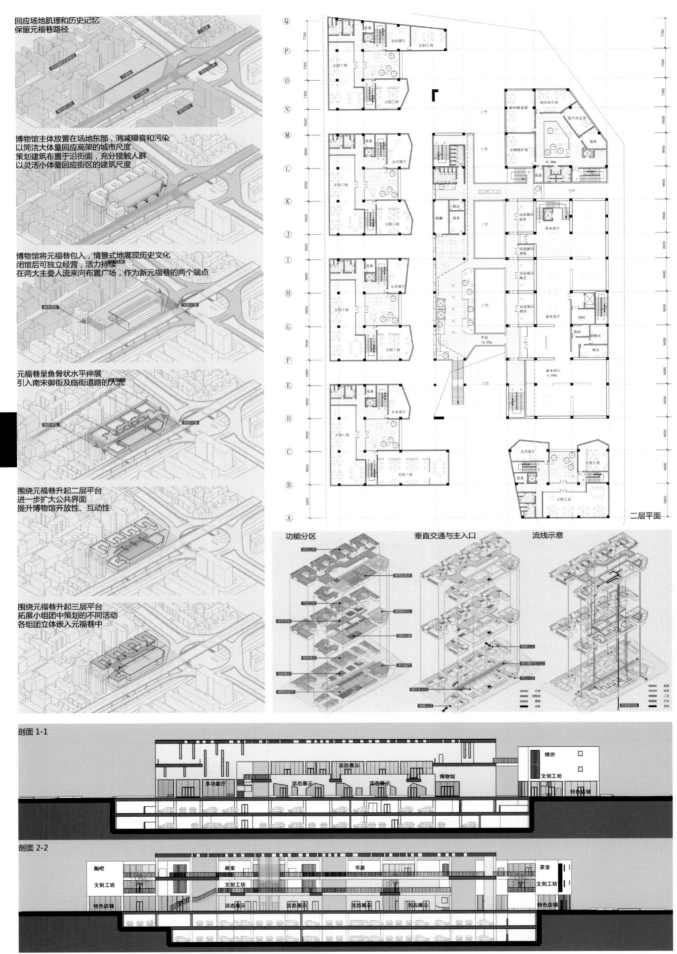

回应场地肌理和历史记忆
保留元福巷路径

博物馆主体放置在场地东部，消减噪音和污染
以简洁大体量回应高架的城市尺度
策划建筑布置于沿街面，充分接触人群
以灵活小体量回应街区的建筑尺度

博物馆将元福巷包入，情景式地展现历史文化
团馆后可独立经营，活力持续
在两大主要人流来向布置广场，作为新元福巷的两个端点

元福巷呈鱼骨状水平伸展
引入南宋御街及临街道路的人流

围绕元福巷升起二层平台
进一步扩大公共界面
提升博物馆开放性、互动性

围绕元福巷升起三层平台
拓展小组团中策划的不同活动
各组团立体嵌入元福巷中

二层平面

功能分区　　　　垂直交通与主入口　　　　流线示意

剖面 1-1

剖面 2-2

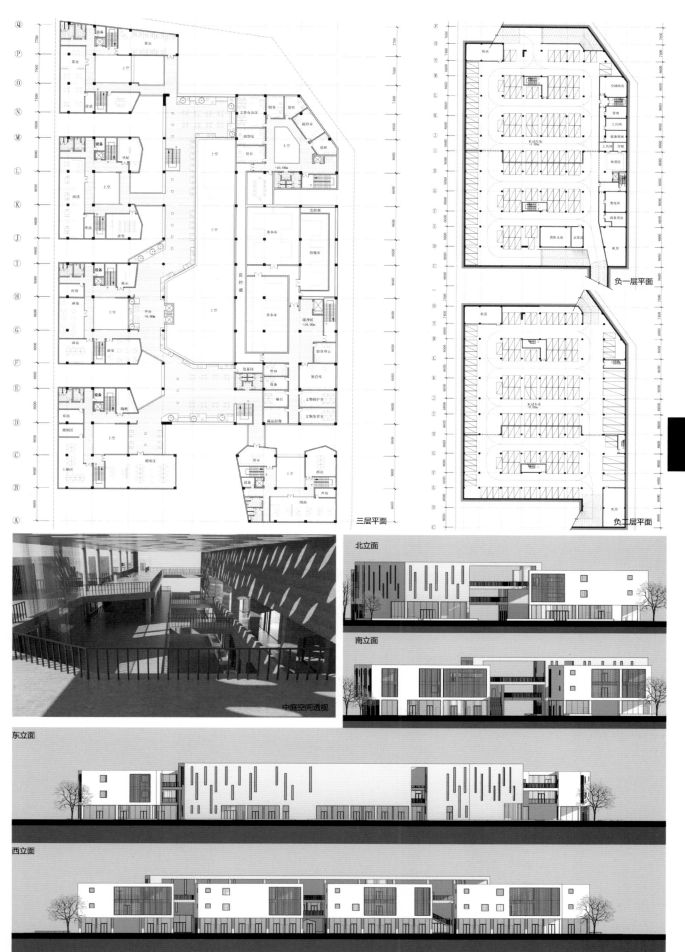

三层平面

负一层平面

负二层平面

北立面

南立面

中庭空间透视

东立面

西立面

南宋民俗博物馆及街区复兴策划及设计

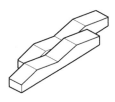

南宋民俗博物馆及街区复兴策划及设计

东南大学建筑学院建筑系
指导教师：王幼芬
设计者：

杨梦溪

整体鸟瞰图

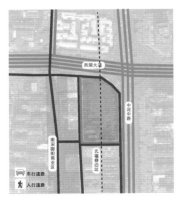

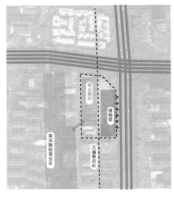

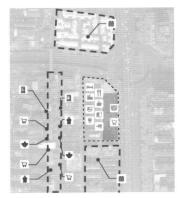

　　场地北临西湖大道，东临中河中路，这两条都属于城市主干道，人流、车流量较大，是面向城市的一个窗口。场地西侧靠近南宋御街，游客、行人较多，且在场地西南角与南宋御街由一条巷子相连。根据调研显示，人流量最大的两个方向分别是场地西北角以及西南角，因此，如何打开这两个角落，把人群引入场地内部，是一个至关重要的问题。

　　场地布局方面，拟在上述两角打开形成广场，将博物馆部分设置在场地东侧靠近高架，以阻挡噪音并形成连续的沿街立面；商业策划部分设置在场地西侧，靠近南宋御街，与现有的商业区连成一片，两者之间以元福巷址相隔，成为场地中主要的商业街道。

　　地块外部西侧紧邻南宋御街，在调研中发现，南宋御街上临近西湖大道的一段人流量明显少于临近清河坊的南段，经分析可能的原因有两方面：一方面，街道两侧缺少座椅等工人休憩停留的设施，且两侧店面与街道之间被绿化和水景过渡分隔；另一方面，店铺的业态以经营珠宝、丝绸、奢侈品等为主，不具备吸引人们停留的条件。因此，在业态选择方面，本方案会选择一些吸引人的、有活力的商业功能，如咖啡厅、书店、手工作坊、青年旅社等等。

1. 根据主要人流方向，将场地东北角与西南角开辟为两个进入场地的主要入口。

2. 在场地两角开辟广场，并结合元福巷旧址以一条贯穿场地的主要道路串联起两个广场。

3. 靠高架一侧设为较整体的博物馆，靠南宋御街一侧设为结合院落的商业街区。

4. 两部分之间通过开放院落和形成室外平台加强联系。

5. 商业街区部分院落之间打通，加强流动性和可达性；博物馆底层退出灰空间，留给商业用途。

6. 利用不同方向的连续坡屋顶暗示空间的走向，形成丰富的视觉效果和空间体验。

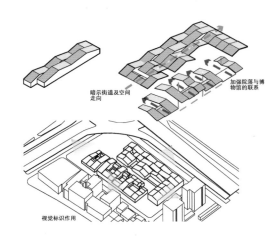

暗示街道及空间走向

加强院落与博物馆的联系

视觉标识作用

　　地块策划方面，本方案意图唤起人们对于曾经的元福巷的记忆，营造出街巷、院落等适宜尺度的空间，创造更多的商业机会和供人交流的场所。
　　空间形式上，使用传统的坡屋顶的语言加以创新，延续了周边场所的历史记忆，同时也与场地周边的建筑形式相契合，不显突兀。坡屋顶一方面暗示了不同种类空间的走向，可丰富空间体验，也更好地适应了不同功能对高度的需求；另一方面丰富视觉效果，从场地周围的高层建筑或高架上看，连续的坡顶成为场地自身独具特色的标识。

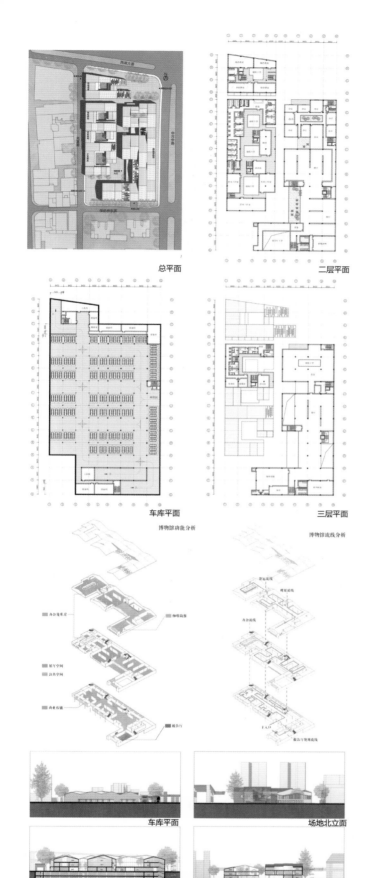

总平面

二层平面

车库平面

三层平面

博物馆功能分析

博物馆流线分析

车库平面

场地北立面

场地纵剖面1

场地横剖面1

场地纵剖面2

场地横剖面2

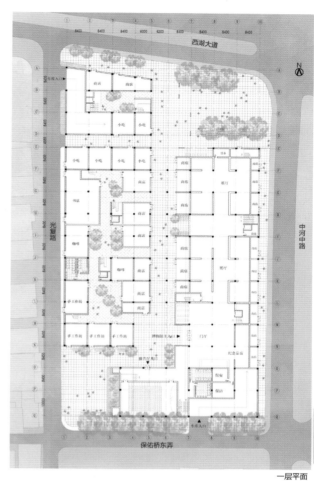

一层平面

南宋民俗博物馆及街区复兴策划及设计

基地区位图

⑫ 苏南农村生态型院落设计与建造

Design and Construction of Ecological Courtyard in South of Jiangsu

指导教师： 张 宏 闵鹤群

选题意义

在对典型农房建造工艺与材料应用方法收集整理的基础上，依托美丽乡村生态规划关键技术、农房与公共配套设施新型装配式建造关键技术、既有农房绿色改良技术集成，开展适合苏南地区特点的生态村落农房建造与改良综合技术研发与应用研究，通过示范工程建设促进该地区资源节约、环境友好型美丽乡村的建设，保护、改善、提升让人们"记得住乡愁"的乡村文化物质环境载体，并在此过程中带动相关产品系统构建和产业联盟的发展，形成既适合农村地区实际需求又具有科技引领和示范作用的技术体系和应用模式，形成适用于苏南地区既有建筑院落空间与性能提升的低影响改造模式与快速建造方法。通过课题研究的引领，培养本科生科研和实践相结合的务实精神。

选题背景

改革开放以来，我国经济高速发展，城市建设日新月异，与此同时，广大农村的发展却相对滞后，存在诸多不容忽视的问题，如：乡村传统风貌缺乏延续性、环境污染严重、建筑破旧、性能低下、公共配套设施不足等。在本案开始之前，建筑技术与科学研究所已经指导了五次毕业设计，以建筑工业化为核心组织了四次建造实践，为本次教学任务的顺利开展提供了参考与坚实保障。这些已建成房屋系列的主要特点是建造速度快、便于拆装、结构轻便于运输、高性能、自保障等，通过不同功能模块的组合，可以实现居住、办公、研究、景观建筑、养老等多种功能置换，充分满足了绿色建筑、低碳生活、可持续发展对建筑的品质提出的更高更严格的要求。

教学目标及要点

建筑工业化作为建筑技术与科学研究所的一个核心研究方向，决定了本次教学是针对工业化建筑领域集成房屋系统的研发与应用，涵盖工业化建筑设计、产品研发、技术集成、人才培养等方面内容。本案教学实践主张以"建造"为核心，将技术与可持续发展和美学相结合，让技术成为建筑学的一种生发力量，发挥建筑技术与科学研究所的优势力量，集成与整合建筑结构、建筑物理、建筑材料、能源与环境各方面的资源和研究成果，夯实建筑设计的科学性和理性基础。让学生用放大的视野审视建筑师的职业和角色，关注生产、制造、运输、装配的全部建造过程，培养为建造而设计的人才，培养学生的实践经验、团队合作等综合素质，适应未来社会可持续发展发展需求。

设计成果

农村院落既有空间的功能模块化改造与设计，对积极的空间进行保留改进和层次划分；对不积极的空间进行处理和整合；为更多功能提供可用空间，满足了院落的各种需求。在设计阶段进行建筑性能模拟，将结果及时反馈进而优化建筑设计。在建筑建成之后进行实测检验，研究开发可以将结果直观呈现出来的软件，目前有本团队已经研发了基于分布式光纤的建筑节能监测远程软件、在线反演建筑围护材料热导率软件等。装配式快速建造与施工，实际建造分为工厂建造、现场运输、现场装配三个阶段。现场搭建仅用 3 天时间，设计节点符合快速拆装需求。通过对建筑构件的深入了解，学生建立了构件组的概念，所有过程由学生加工完成。

指导教师和学生在建成房屋内答辩及留影

涧东村现状照片

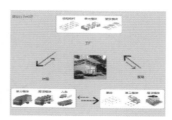
三级装配示意图

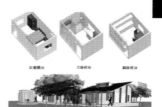
功能模块化空间设计方法

教学流程与设计进度

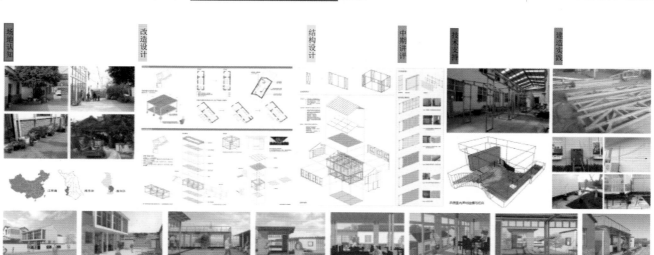

东
南
大
学
建
筑
学
院
毕
业
设
计
作
品
选
集
(2015—2016)

108

苏南农村生态型院落设计与建造

东南大学建筑学院建筑系
指导教师：张宏 闵鹤群

设计者：

丁园白　　吴舒

苏南农村农房生态型院落设计与建造 —— 南京溧水洞东村农家乐改造

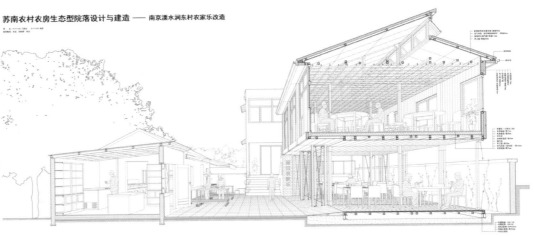

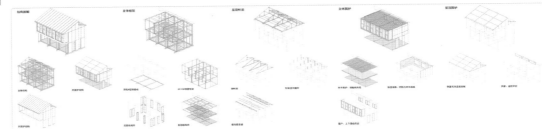

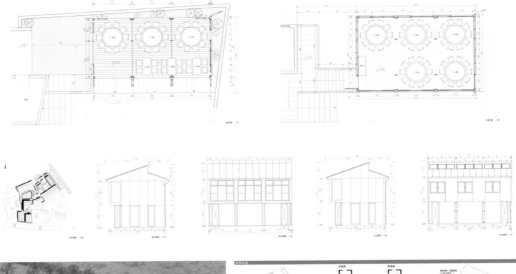

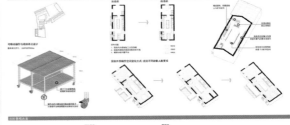

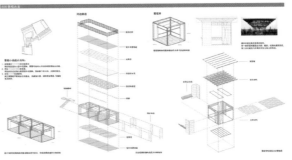

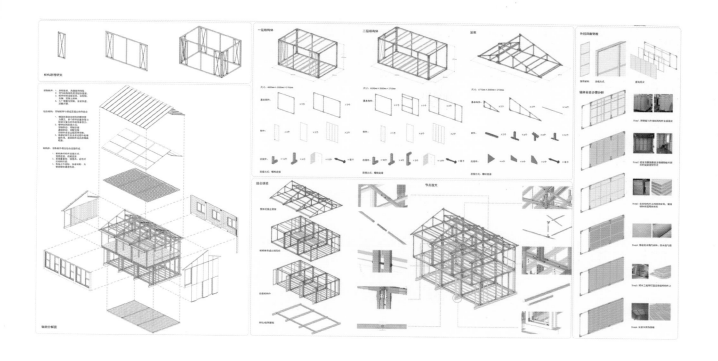

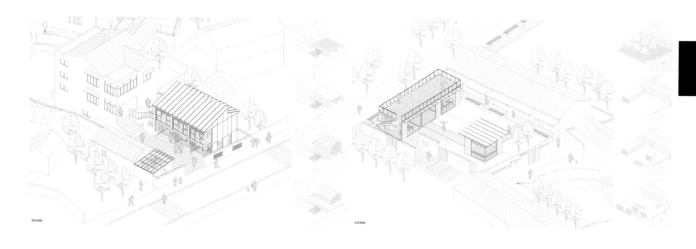

苏南农村生态型院落设计与建造

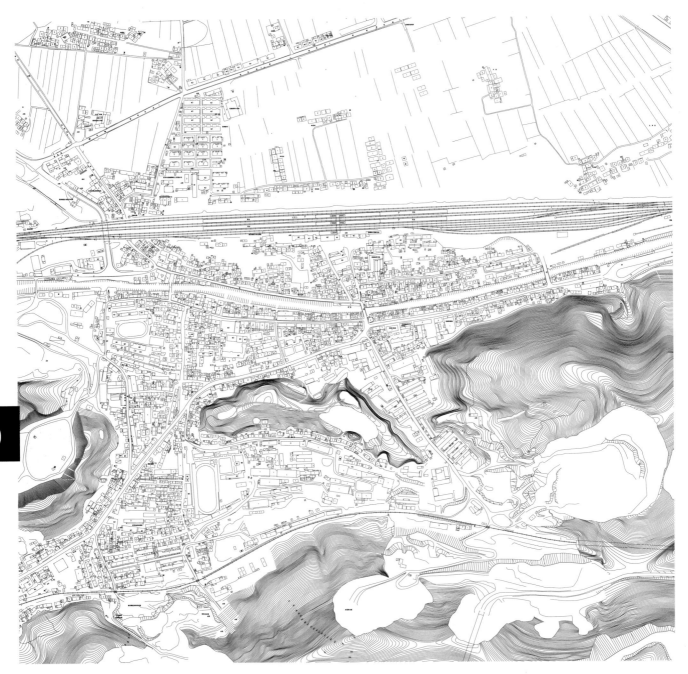

基地区位示意图

⓭ "空间 - 结构" 研究——城郊乡镇服务、休憩、旅游综合群体设计

Research of Structure-space: a Desgin of Tourism Complex Located on Outskirts of the Town

指导教师： 葛 明

选题意义

课题设置在当代特定环境下，试图通过对建筑类型的固有空间模式的重思，并以结构为中介，产生出符合当代需求的新的空间。常见的建筑类型如办公、市场、学校等，均可以通过这一方法进行研究，展现更为开放的空间。

本课题以乡镇建筑为媒介，涉及从策划、运营到建造的系统性研究，为乡镇的发展提供一种新的思路。

选题背景

关于结构与空间的思考，建筑学历史上曾经出现过诸多不同的方式，如结构主义：通过细致研究建筑中各种行为及各自对空间领域的要求，并通过结构来划分领域、形成场所，试图帮助空间在水平向彼此关联并相互打开。这提示我们，结构与空间不止发生于大跨等特殊的尺度下，同样也可以在一个普通结构的常见建筑类型中讨论结构与空间。

教学目标及要点

1. 学生需要初步掌握图解静力学的方法，学习经典结构案例；了解各种材料及结构体系的建造过程。

2. 学习空间结合结构的设计方法，尤其对于结构如何结合大小空间两种尺度均有要求思考。

3. 学生需要初步思考当代乡镇问题，学习城郊乡镇综合群体设计如何处理行为需要、如何结合自然等方法。

设计成果

1. 总平面图	1:500
2. 各层平面图	1:200
3. 两个以上剖面图	1:200
4. 结构与构造轴测图	1:200
5. 重要构造剖面透视	1:50
6. 效果图若干（室内外）	
7. 设计分析图若干	
8. 总体模型	1:500
9. 单体模型	1:200

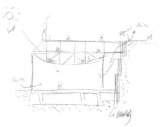

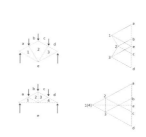

教学流程与设计进度

第 1-3 周	第 4-8 周	第 9-12 周	第 13-15 周
1. 相地、调研、场地分析 2. 策划、任务书拟定	1. 结构原型研究 2. 确定结构体系	1. 深化结构体系 2. 完成群体设计	成果整理与表达

百草体验中心

东南大学建筑学院建筑系
指导教师：葛明
设计者：

施晟宇　　王君美

▍PROGRAM RESEARCH
类型研究

▍CASE STUDY
结构研究

Rafael Moneo—Diestre Transformer

Buchner Bründler—门德里西奥建筑系馆扩建

▍PROGRAM RESEARCH
场地研究

区位分析

上位规划

镇域分析

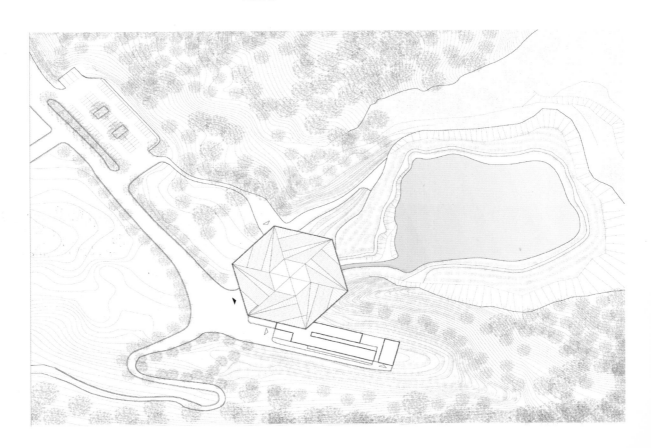

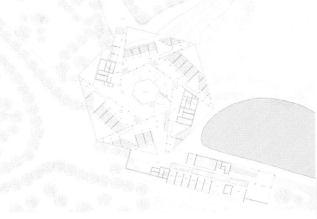

+3.00m 平面图

+6.90m 平面图

113

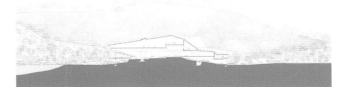

A-A 剖面图

B-B 剖面图

『空间—结构』研究——城郊乡镇服务、休憩、旅游综合群体设计

山地体验中心

东南大学建筑学院建筑系
指导教师：葛明
设计者：

李昂　　方浩宇

▌PROGRAM RESEARCH
类型研究

▌CASE STUDY
结构研究

Rafael Moneo—Diestre Transformer

Buchner Bründler— 门德里西奥建筑系馆扩建

▌PROGRAM RESEARCH
场地研究

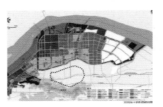

区位分析　　　　　　　　　　　上位规划　　　　　　　　　　镇域分析

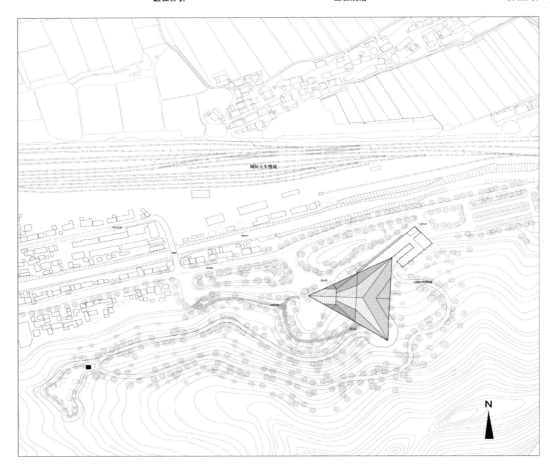

N

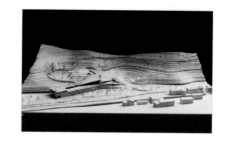

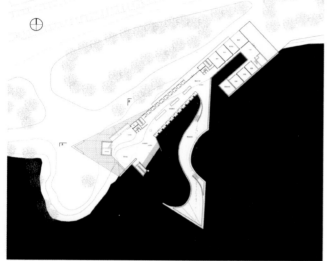

+1.00m 平面图

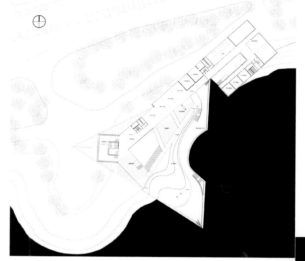

+6.50m 平面图

A-A 剖面图

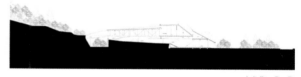

B-B 剖面图

『空间—结构』研究——城郊乡镇服务、休憩、旅游综合群体设计

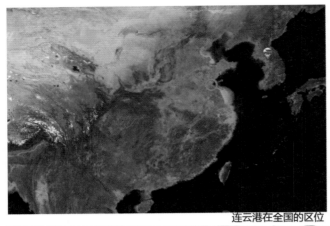

连云港在全国的区位

猴嘴在连云港的区位

基地区位示意图

❶❹ 工业遗址景观规划设计——连云港猴嘴片区中心区

Industrial Site landscape Planning and Design
— Landscape Design of the Central Area of the District Houzui in Lianyungang

指导教师：　徐　宁

选题意义

　　课题拟在正在开展的城市设计的基础上，对城市设计方案从景观角度进行调整优化，通过场地分析和研究完成相应的场所景观规划设计。

　　该课题作为毕业设计选题，对风景园林专业本科生既有一定的挑战性和前沿性，也提供给学生从研究到设计、从场地调研、要素分析、前期策划、场地规划到景观设计方案以及细部设计的综合性训练。通过老师引导，学生自发地将以前学习的空间、功能、文化、生态等方面的景观设计方法融为一体，形成一套熟悉研究分析到设计表现的设计流程，有可能的话再加上一些细部设计和施工图绘制，为大五学生走入社会打下良好的基础。

选题背景

　　工业遗址类景观规划设计是近年来我国景观设计研究领域的热点之一。国外在工业化的基础上已经进行了大量的工业景观类设计，现在可以找到很多受到持续好评的优秀方案，包括德国鲁尔工业区景观规划设计、美国高线公园等，我们可以从中吸取一些优秀的经验，借鉴并用到国内的工业遗址类景观设计之中。

　　连云港猴嘴片区中心区暨盐坨地块的现有地形特征明显，基地南北长约1200 m，东西宽300余m，南北向的铁路线和东西两侧的若干水湾，将基地划分为数十座半岛，基地内部各处存有较多废弃的工业设备，十分适合作为工业遗址类景观设计的场地，要求和难度对于大五学生的毕业设计来说也比较适中。

教学目标及要点

　　1）把握工业遗址景观规划设计项目的特点，依据任务书和相关风景环境旅游规划的要求，在前期深入研究的基础上策划项目定位。

　　2）在多空间的布局安排中塑造与场地相契合的景观空间，关注场地资源条件与景观空间氛围塑造之间的关系，小组合作完成场地规划。

　　3）按照修建性详细规划的深度要求，分工完成核心区场地景观设计方案。

　　4）培养并行协同合作设计的能力。培养通过实态调研，快速入手、多轮反复、逐层次深入的工作习惯，掌握工业遗址类景观规划综合设计方法。

设计成果

　　本次设计分为研究篇、规划篇和设计篇。在研究篇中，在前期常规分析的基础上，创造性地提出了七要素分析法，将场地要素按照建筑物、构筑物、地形地貌、水体、驳岸、植物和动物七大类型进行分类，分别评价打分，并在此基础上进行要素叠加分析，其结果作为后期设计的基础。在规划篇中，在提出设计定位和设计策略的基础上，进一步地根据场所历史文化进行项目策划，并最终生成总体规划设计。在设计篇中，将总体规划进一步细分为四个部分：北区遗址公园设计、中区文化景观设计、南区淮盐体验设计以及遗址建筑改造设计。最终，通过前期研究、中期规划以及后期设计，将场地打造成一处"品淮盐遗韵，忆港城乡愁"的休闲旅游胜地。

教学流程与设计进度

第1-2周	第3-4周	第5-6周	第7-8周	第9-10周	第11-12周	第13-14周	第15-16周
布置任务书 讲解设计主题 场地"七要素调研" 案例分析 文献翻译	设计概念生成： 盐文化 工业遗址利用	方案深化： 功能 空间 生态 文化	中期答辩	方案定型 确定方案细化方向	分区设计 节点设计 细部设计	方案成图	终期答辩
讲课：景观资源的调研和分析			讲课：工业遗址景观设计			讲课：景观设计和表现	

场地认知　文化肌理　概念生成　中期答辩　遗址利用　终期答辩

工业遗址景观规划设计——连云港猴嘴片区中心区

东南大学建筑学院景观学系
指导教师：徐宁 丁广明
设计者：

 卢喆 王羽
 马劭康 王龙力

要素	评价打分																					
建筑物	A*-Ar-1	A*-Ar-2	A*-Ar-3	A*-Ar-4	A*-Ar-5	A*-Ar-6	A*-Ar-7	B*-Ar-1	B*-Ar-2	B*-Ar-3	B*-Ar-4	B*-Ar-5	C*-Ar-1	C*-Ar-2	C*-Ar-3	C*-Ar-4	C*-Ar-5	C*-Ar-6	C*-Ar-7		
	8	8	9	9	8	4	5	8	7	9	9	8	5	5	5	5	5	5	4		
构筑物	A*-C-1	A*-C-2	A*-C-3	B*-C-1	B*-C-2	B*-C-3	B*-C-4	B*-C-5	C*-C-1	C*-C-2	C*-C-3	C*-C-4	C*-C-5	C*-C-6	C*-C-7	C*-C-8					
	9	8	9	7	7	8	9	7	7	7	4	9	8	8	8	8					
动物	A*-An-1	C*-An-1																			
	2	8																			
植物	A*-P-1	A*-P-2	B*-P-1	B*-P-2	B*-P-3	C*-P-1															
	9	5	8	8	6	6															
地形地貌	A*-L-1	B*-L-1	C*-L-1	C*-L-2																	
	5	7	6	6																	
水体	A*-Aq-1	A*-Aq-2	A*-Aq-3	A*-Aq-4	A*-Aq-5	A*-Aq-6	A*-Aq-7	B*-Aq-1	B*-Aq-2	B*-Aq-3	C*-Aq-1	C*-Aq-2	C*-Aq-3	C*-Aq-4	C*-Aq-5	C*-Aq-6	C*-Aq-7				
	4	6	7	7	7	6	7	6	7	6	7	7	7	6	7	8	7				
驳岸	B*-1	B*-2	B*-3	B*-4	B*-5	B*-6	B*-7	B*-8	B*-9	B*-10											
	7	6	6	6	8	5	7	6	7	6											

针对现状城市设计中存在的问题，制订了系统化地场地调研和研究策略，将场地中的现状要素分为建筑物、构筑物、地形地貌、水体、驳岸、植物和动物七大类。

对每一类要素进行量化打分，考察其对场地中周边区域的影响力，以打分的结果指导要素的处理方式，并进一步制订设计策略。

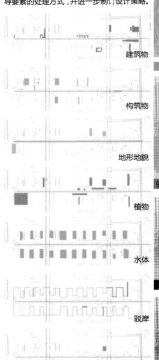

建筑物

构筑物

地形地貌

植物

水体

驳岸

动物

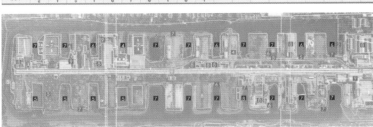

■ 建筑物　■ 构筑物　■ 地形地貌　■ 水体　■ 驳岸　■ 植物　■ 动物

强　　　　弱　　　　　　生态敏感性

强　　　　弱　　　　　　建设重要度

重点建设区域

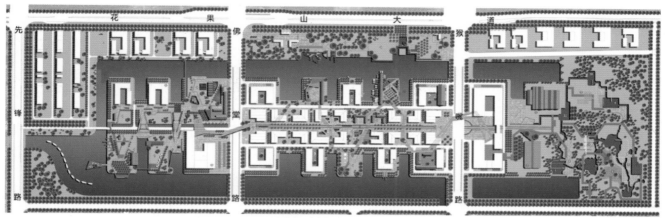

品淮盐遗韵 忆港城乡愁

1. 怀想淮盐历史的文化之洲

充分利用场地中现有的淮盐文化遗址，施加以不同的改造措施，因地制宜，产生具有强烈工业遗址特色的文化景观。

2. 体验自然气息的生态之洲

依托场地中现有环状水系和土生土长的动植物资源，营造出山清水秀、草木丰茂的生态景观。

3. 享受品质生活的乐活之洲

统筹未来场地中将会入驻的办公、商业、旅游等各类生活服务功能，与景观设计深入耦合，为连云港市民以及各地游客提供一片享受生活的乐活天地。

文化景观类	商业景观类	生态景观类
① 淮盐博物馆	① 粗盐纪念品	① 粗盐沙地景观
② 遗址展览馆	② 餐饮茶座	② 引流工艺景观
③ 海潮浸灌	③ 亲子体验馆	③ 树阵广场
④ 担灰摊晒	④ 游客服务中心	④ 樱花林
⑤ 筛水晒灰	⑤ 住宿	⑤ 生态草坡
⑥ 淋灰取卤	⑪ 音乐剧场	⑥ 地带群落密林
⑦ 盐雕广场	⑫ 远航广场	⑦ 生态景观岛
⑧ 遗址雕塑广场	⑬ 遗址剧场	⑧ 樱花广场
⑨ 盐运船舶码头	⑭ 阳光剧场	⑨ 芦苇遗迹
⑩ 中心文化广场	⑮ 盐运船队景观	⑩ 林中木屋

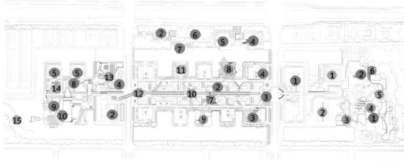

项目策划

功能分区

空间结构

流线组织

生态规划

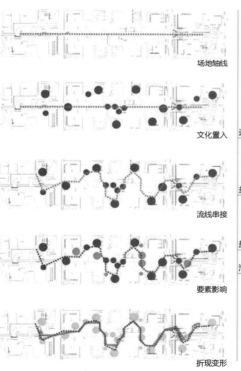

场地轴线

文化置入

流线串接

要素影响

折现变形

远航广场

盐运船舶码头

盐雕广场

淮盐会馆

盐文化历史博物馆

遗址公园

音乐剧场

盐河湾

设计生成

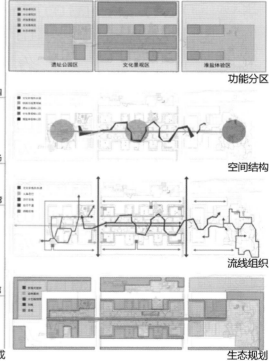

工业遗址景观规划设计——连云港猴嘴片区中心区

工业遗址景观规划设计——连云港猴嘴片区中心区

基地区位示意图

⓯ 禄口湿地公园概念性规划设计

Conceptural Plan of Lukou Wetland Park

指导教师： 李哲

选题意义

课题拟在正在开展的城市设计的基础上，对城市设计方案从景观角度进行调整优化，通过场地分析和研究完成相应的场所景观规划设计。

该课题作为毕业设计选题，对风景园林专业本科生既有一定的挑战性和前沿性，也提供给学生从研究到设计、从场地调研、要素分析、前期策划、场地规划到景观设计方案以及细部设计的综合性训练。通过老师引导，学生自发地将以前学习的空间、功能、文化、生态等方面的景观设计方法融为一体，形成一套从研究分析到设计表现的设计流程，有可能的话再加上一些细部设计和施工图绘制，为大五学生走入社会打下良好的基础。

选题背景

滨水环境景观规划设计是近年来我国景观设计研究领域的热点之一。国内外已经进行了大量的滨水湿地景观设计，现在可以找到很多受到持续好评的优秀方案，包括伦敦湿地中心景观规划设计、新加坡双溪布洛湿地保护区等，我们可以从中吸取一些优秀的经验，借鉴地用到本次设计的滨水环境景观设计之中。本次设计场地位于南京禄口新城，现有水域特征明显，基地现状陆地面积约1 983.3亩，水域面积约1 210.2亩，东起机场高速，西至来凤路，北抵沿溪路，南迄南环路，规划区总面积为212.9 hm²（3193.5亩）。本次设计主要为北部居民区服务，旨在提升城市公共空间与人居环境品质，延续江南城市风格，打造集教育、休闲、娱乐、生态于一身的综合体。

教学目标及要点

把握滨水环境景观规划设计项目的特点，依据任务书和相关风景环境旅游规划的要求，在前期深入研究的基础上策划项目定位。

在多空间的布局安排中塑造与场地相契合的景观空间，关注场地资源条件与景观空间氛围塑造之间的关系，小组合作完成场地规划。

按照修建性详细规划的深度要求，分工完成场地景观设计方案。

培养并行协同合作设计的能力。培养通过实态调研，快速入手、多轮反复、逐层次深入的工作习惯，掌握工业遗址类景观规划综合设计方法。

设计成果

示范区总体定位为"水生态文明示范区与水生活新区"，形象定位为"生态、生活、文脉"。

引入复合的城市功能，以休闲养生、生态宜居为主旋律，提供足够的场地和设施，满足各个年龄层次人群的活动需求、人与场所的相互碰撞。依托新区生态条件，大力发展各种形式的生活休闲项目，形成独具特色的休闲胜地，重塑禄口城市名片和地标。

生态性：强调人、建筑、环境的共存与融合，注重环境、崇尚自然、关注人性，充分利用良好的生态资源，提升空间环境品质。实际充分考虑现状条件与开发建设的情况，宏观控制和微观引导结合，有利于起步建设和分期开发，并为未来发展预留弹性空间。

第一、二周	第三、四周	第五、六周	第七、八周	第九、十周	第十一二周	第十三四周	第十五六周

布置设计任务，讲解设计主题
基地调研，场地环境资料搜集
对现场调研资料进行处理、分析、总结
分析类似设计案例
对设计提出初步概念和设想

发展初步的设计概念
多个改造方案
英文文献翻译
小组讨论
功能与空间细化

绘制概念方案
建模

中期答辩

对整体方案进行调整和定型
确定最终方案的总平面布局
细部调整

正图绘制

答辩、评图、评后讲解

项目背景

场地现状

设计初步

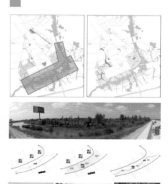

生态策略

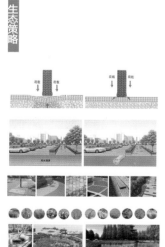

禄口湿地公园概念性规划设计

东南大学建筑学院景观系
指导教师：李哲
设计者：

马倩茹   孙陶

三区 十核心 二十九节点：
　　规划结合基地特征与周边用地性质，由东向西形成三个片区——水休闲、水生活、水商务，各个片区根据功能需要，设置了多处彰显休闲、生活、商务的景观节点及服务设施，拥有小型项目。

功能分区：
　　全园由东向西形成三个片区，分别为水休闲、水生活、水商务。三大区主题明确且针对不同人群设置，水商务区相对独立，水休闲与水生活片区互相交融，形成丰富多样的综合性空间。

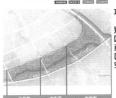

节点布局：
　　全园由东向西形成三个片区，分别为水休闲、水生活、水商务，此外还包括南部的生态农田区域。全园共有主要节点二十个，为主要浏览景点。其中重要的节点十个，成簇族状分布在三个功能区域内。

片区结构：
　　规划空间结构由西向东的观景带，水系及园区主干道串联起场地内的空间节点。而全段有四条南北向道路经过，场地在空间上划分为三带三区的结构形式，构成完整的观赏湿地生态系统。

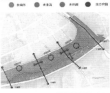

理水为环：
　　整合现状资源，梳理绿地水系。以水为脉建构水脉交融的生态网络，强化各片区联系。
水绿提升：
　　突出"水绿相融"原则，形成了"岛在水中，水在岛中"的湿地水生态格局。

道路交通：
　　场地道路以人行为主，分为自行车与行人混合道路、人行路线以及水上交通路线，人行道路分为一级园路与二级园路。场地沿城市道路边缘设有机动车停车位，沿自行车道路设有自行车停车位。
景观流线：
　　慢行交通系统将步道、广场与景点相联系，形成多层次立体的步行与骑行网络，满足片区人们旅游、生活、休闲、商务的需求。

水休闲

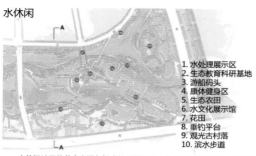

1. 水处理展示区
2. 生态教育科研基地
3. 游船码头
4. 康体健身区
5. 生态农田
6. 水文化展示馆
7. 花田
8. 垂钓平台
9. 观光古村落
10. 滨水步道

水休闲片区的节点主要包括水处理展示区、生态教育科研基地、游船码头、康体健身区、生态农田、水文化展示馆、花田、垂钓平台、观光古村落等。

水生活

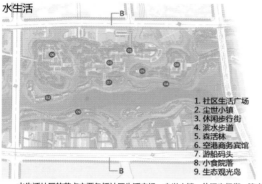

1. 社区生活广场
2. 尘世小镇
3. 休闲步行街
4. 滨水步道
5. 森活林
6. 空港商务宾馆
7. 游船码头
8. 小食院落
9. 生态观光岛

水生活片区的节点主要包括社区生活广场、尘世小镇、休闲步行街、滨水步道、森活林、空港商务宾馆、游船码头、小食院落、生态观光岛等。

水商务

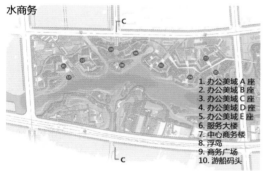

1. 办公美域 A 座
2. 办公美域 B 座
3. 办公美域 C 座
4. 办公美域 D 座
5. 办公美域 E 座
6. 服务大楼
7. 中心商务楼
8. 浮岛
9. 商务广场
10. 游船码头

水商务片区的节点主要包括办公美域、服务大楼、中心商务楼、浮岛、商务广场、游船码头等。

禄口湿地公园概念性规划设计

活动分区	活动项目名称	项目介绍
水休闲	1. 水处理展示区	1. 运用技术手法，展示生态水处理过程。
	2. 生态教育科研基地	2. 一些关于水生态及鱼类湿地植物的科技馆与展示馆，面向青少年。
	3. 游船码头	3. 设置游船，适合人们泛舟于水上，欣赏南面的生态湿地景观。
	4. 康体健身区	4. 结合健身步道、体育设施及篮球场网球场，为社区居民提供健身场所。
	5. 生态农田	5. 结合一些休闲栈道与乡间小房子，最大程度还原农田风貌。
	6. 水文化展示馆	6. 仿秦淮古典建筑白墙黑瓦，内部设置水文化展示区域。
	7. 花田	7. 位于水休闲入口区，结合地形高差。
	8. 垂钓平台	8. 位于水休闲区北部，结合步道散落一些垂钓平台供游人垂钓。
	9. 观光古村落	9. 供游玩的人们购买纪念品等，结合生态农田。
	10. 滨水步道	10. 延伸至水面上，供居民散步及骑行使用。
水生活	1. 社区生活广场	1. 生活休闲广场，供附近的社区居民使用。
	2. 尘世小镇	2. 保留原有村落风貌，结合水景制造景观。
	3. 休闲步行街	3. 提供购物、美食区，是附近居民休闲购物的去处。
	4. 滨水步道	4. 延伸至水面上，供居民散步及骑行使用。
	5. 森活林	5. 为社区提供森活林，也供一些商家展示体验。
	6. 空港商务宾馆	6. 为空港人士及拜访社区的人士提供住宿。
	7. 游船码头	7. 设置游船，适合人们泛舟于水上，欣赏南面的生态湿地景观。
	8. 小食院落	8. 为附近居民及水休闲片区游客提供餐饮服务。
	9. 生态观光岛	9. 结合生态农田所设立的一系列小岛。
水商务	1. 办公美域 A 座	1-5. 为空港人士提供几处商务办公楼，采用江南建筑特色结合现代的建筑。
	2. 办公美域 B 座	
	3. 办公美域 C 座	
	4. 办公美域 D 座	6. 为商务人群提供咨询、售楼及餐饮等一系列服务。
	5. 办公美域 E 座	7. 中心集中办公商务楼，对散落的办公区进行调控、分配及管理人员提供办公场所。
	6. 服务大楼	8. 中心浮岛，为办公人士提供室外集会休闲场所。
	7. 中心商务楼	9. 几处休闲广场，为办公人士提供休闲集会场所，也可进行大型室外活动。
	8. 浮岛	10. 设置游船，适合人们泛舟于水上，欣赏南面的生态湿地景观。
	9. 商务广场	
	10. 游船码头	

生态陡坡岸线——结合原有堤岸现状，种植绿化

生态亲水桥岸线——局部广场采用逐级下沉的木栈道

亲水平台桥岸线——结合小品和建筑设计亲水平台

人工步道岸线——岸线采用亲水步道形式

广场台阶岸线岸线——结合水上舞台，广场逐级下降

自然生态疏林草坡岸线——缓坡做法，增加砂石与景石

生态湿地岸线——缓坡，与水面保持一定的距离

人工陡坡岸线——结合原有堤岸现状，增加游步道

禄口湿地公园概念性规划设计

水休闲区改造前：自然形成的驳岸，湿地植被较少，不具备景观观赏性。近年来，随着禄口城市化进程的加速，湿地生态和原有景致遭受破坏。场地内，现有村落聚集区域滨水基本无观赏性湿地植被，水域内生物多样性匮乏，缺少稳固湿地生态群落的循环体系。两岸现存农田缺乏管理，植物较为单一。

水休闲区改造后：利用自然形成的驳岸，增加湿地植被的种植管理，使其具有景观观赏性。恢复并加强原有的湿地生态系统，丰富了水域内的生物多样性，增强农田的集中管理，并与场地内的村落成为连接城市与自然的纽带。该区域满足安全疏散、游憩的功能，同时还承担着湿地水处理和生态风景观赏、湿地保护、科普教育的功能。

水生活区改造前：简易人工化水泥驳岸，湿地植被较少，现有场地内野生植物杂乱，缺乏管理，不具备景观观赏性。面向禄口新城居民，现有休闲娱乐功能少，场地与居民区对比强烈，缺乏互动。滨水步道驳岸形态较为僵硬，河道水系分散，缺乏整体性。场地整体不具备居民参与性。

水生活区改造后：对驳岸进行生态改造，使其具有生态和观赏双重功能。增加湿地植被的种植管理，恢复场地的湿地循环系统，增强农田的集中管理，打造禄口地区独一无二的江南水乡风貌。注入城市活力，开拓新商区，结合城市新休闲中心及配套娱乐设施，为市民提供周末及平时休闲娱乐去处。

水商务区改造前：自然形成的驳岸，湿地植被较少，不具备景观观赏性。驳岸形态较为单一，水域开阔，缺乏景观层次性和景观节点，水系需要相应的规划。场地内，现有功能较为单一，植被稀少，缺乏管理。区域缺乏整体定位和主要功能，与场地其他区域对比强烈、缺少互动。

水商务区改造后：利用自然形成的驳岸，增加湿地植被的种植管理，使其具有景观观赏性。人工驳岸进行生态恢复，形成一系列人工生态浮岛，增加景观节点、提供生态保护与湿地恢复。为机场工作及办公商务人士打造禄口商务公园，提供办公美域，将商务功能与生态发展有机结合。

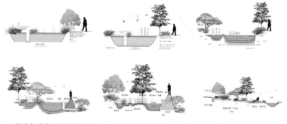

设计考虑鱼塘湿地植被恢复，利用不同改造方案，采用生态恢复手段，增强缓冲，通过生物滞留设施、渗透、调节、雨水保留、植被缓冲等方案，全方位水面涵养，为湿地恢复植被。

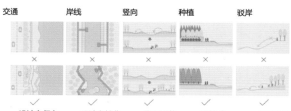

交通	岸线	竖向	种植	驳岸
设计自行车道，园路小径，滨水栈道等慢行交通体系	设计自然曲折的软质岸线更为生态自然	最大可能地尊重场地现状，避免大量土方工程	适地种树，打造乡土、生态的景观模式	软质驳岸为主，局部使用阶梯状生态石笼

改变单一的交通流线与种植方式，采用更为生态自然、贴合原场地的改造方案。

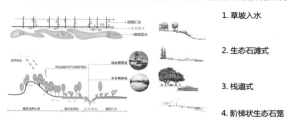

1. 草坡入水

2. 生态石滩式

3. 栈道式

4. 阶梯状生态石笼

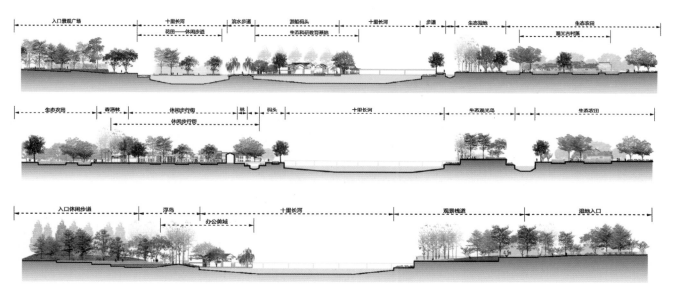

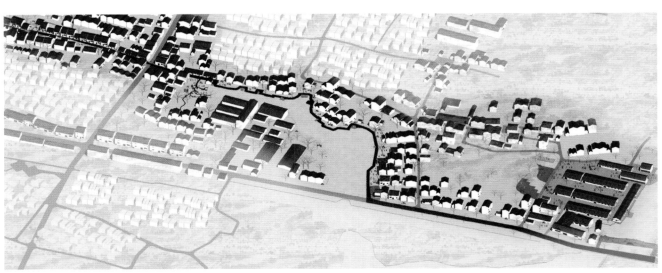

❶⑥ 基于工业化建造模式的居住模块设计与建造系列

Series of Designs and Construction of Building Blocks Based on Industiral Construction

指导教师： 徐小东

选题意义

课题结合国家"十二五"科技支撑项目，设计要求完整全面，难易适中，训练学生在工程实践中结合实际情况和专业规范，灵活运用所学知识，符合相应本科培养目标及教学要求，可使学生得到比较全面的建筑创作与工业化建造过程的基本训练。

作为毕业设计，本课题能够较好地引导学生思考今后建筑业发展方向，以及农村、城镇建设等未来的热点问题，在提升学生未来学习或就业的思考深度以及与社会的契合方面具有积极的作用。

从本课题中涌现出的新的思路，也有可能成为今后创作与深化的出发点，为"十二五"科技支撑项目注入新的活力。

选题背景

课题依附"十二五"科技支撑项目实际工程展开，并由经验丰富的设计师与课外工程师联合指导，可以充分借用社会资源和技术条件。课题开展的基础较好。

国家政策方面，明确提出了装配式建筑在我国未来建筑业中所占的具体比例，这也引导着所有相关的建筑从业人员认真思考从设计到建造如何从传统的模式转变，更好地与装配式建筑及其配套的其他工业化技术与手段相衔接。

难点在于进度问题。由于部分设计需要建成，现场进度较难控制。

教学目标及要点

1. 针对苏南水网密集度区农村社区中心现状展开调研与分析，并完成相应的居住模式研究。

2. 从预制装配式建筑入手，针对既有成果的性能测试与调查，基于建筑产品模块，面向社区农民，完成适应新的生产与生活模式的农民住宅的设计与建造。

3. 从建造切入设计，理解建筑产品的标准化设计、工厂化生产，运输、吊装、装配的全程控制及其意义，选择合理的材料、构造，初步掌握居住模块设计、工程设计及其性能优化的方法。

4. 培养并行协同合作设计的能力。培养通过实态调研，快速入手、多轮反复、逐层次深入的工作习惯，初步掌握建筑工业化设计的一般方法。

设计成果

设计大组中分四个方面对不同的工业化模式的应用作出各自的探索。

1. 内装工业化：在体系化的设计模式下探索出有效的内装工业化方式以配合其他部分。

2. 轻型结构工业化：发挥轻型结构快速施工的特点，结合工业化技术与物流条件进行设计。

3. 半工业化：结合当地材料特点进行半工业化设计，充分利用地域特征。

4. 重型结构工业化：发挥工厂生产的优势，在保持工业化特点的前提下尝试优化其多样性，解决更复杂的功能需求问题。

教学流程与设计进度

第一阶段：课程说明、建造介绍，场地踏勘　时间：2/24-3/24（4周）教学重点：熟悉毕设课题与场地环境，完成相应的居住模式研究，分组研究各自的应对方式并提出初步概念。

第二阶段：先例调研、工业化技术学习，设计初步　时间：3/24—4/11（3周）教学重点：通过查阅文献与厂家参观以及外请老师指导，熟悉建筑工业化技术与生产模式，关注模块化的设计与建造特点。

第三阶段：总体方案深化，重要节点深化　时间：4/01—5/16（6周）教学重点：通过各组对不同工业化模式的深入推敲，结合农村实际进行方案深化，尤其是重要节点的设计与优化。

第四阶段：梳理表达、毕设答辩阶段　时间：5/16—6/09（3周）教学重点：梳理表达线索，各类成果模型与PPT整理。

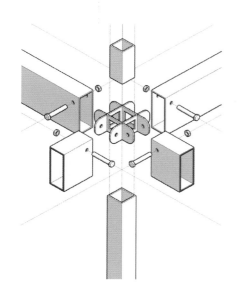
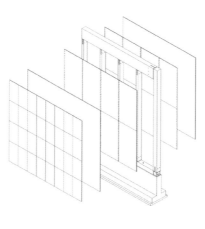
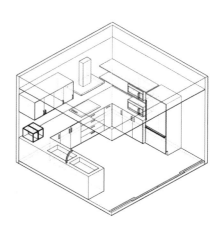

基于工业化建造模式的居住模块设计与建造系列

东南大学建筑学院毕业设计作品选集(2015—2016)

半工业化可变式农宅设计探索

东南大学建筑学院建筑系
指导教师：徐小东
设计者：

张雨竹

总平面图

初始状态

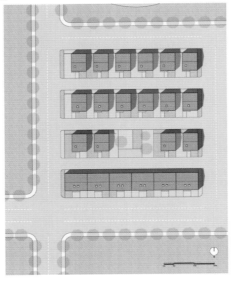

若干年后

设计概念

效果呈现

第一阶段

统一规划建设、并根据住户的需求选择户型以及屋顶形式

第二阶段

根据住户的需求对立面、屋顶进行改造

第三阶段

根据住户的需求对居住空间改造

标准户型 A

客厅餐厅南北贯通，玄关设置贯通空间，通风采光良好。

单体总平面

单体效果

一层平面图

二层平面图

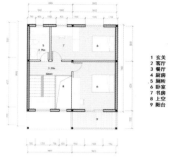

1 玄关
2 客厅
3 餐厅
4 厨房
5 厕所
6 卧室
7 书房
8 上空
9 阳台

南立面图

剖面图

标准户型 B

南向作为主要的生活空间，北向作为辅助空间，餐厅设置贯通空间，通风采光良好。

单体总平面

单体效果

一层平面图

二层平面图

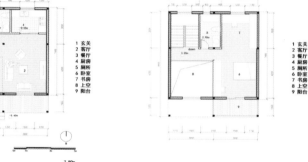

1 玄关
2 客厅
3 餐厅
4 厨房
5 厕所
6 卧室
7 书房
8 上空
9 阳台

南立面图

剖面图

标准户型 C

双宅可容纳两户人家，首层客厅餐厅南北贯通，玄关设置贯通空间，通风采光良好。

单体总平面

单体效果

一层平面图

二层平面图

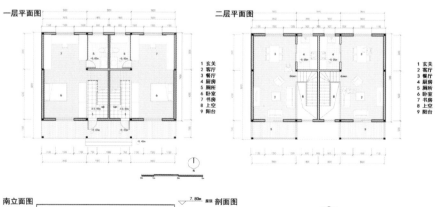

1 玄关
2 客厅
3 餐厅
4 厨房
5 厕所
6 卧室
7 书房
8 上空
9 阳台

南立面图

剖面图

基于工业化建造模式的居住模块设计与建造系列

建造技术

构成分解

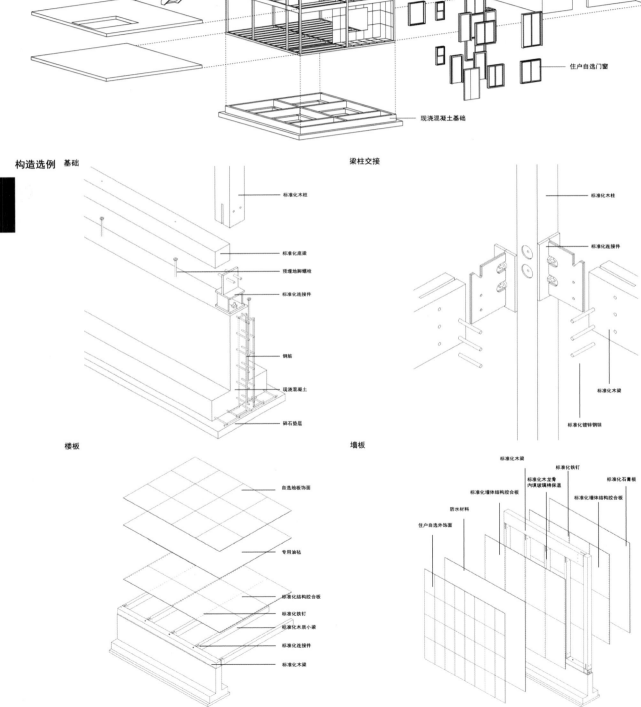

住户自选天窗
住户自选屋顶饰面
住户自选墙体材料
住户自选楼板饰面
标准化楼梯
标准化房屋结构
住户自选门窗
现浇混凝土基础

构造选例 基础

标准化木柱
标准化底梁
预埋地脚螺栓
标准化连接件
钢筋
现浇混凝土
碎石垫层

梁柱交接

标准化木柱
标准化连接件
标准化木梁
标准化镀锌钢销

楼板

自选地板饰面
专用油毡
标准化结构胶合板
标准化铁钉
标准化木质小梁
标准化连接件
标准化木梁

墙板

标准化木梁
标准化铁钉
标准化木龙骨
内填玻璃棉保温
标准化墙体结构胶合板
标准化石膏板
标准化墙体结构胶合板
防水材料
住户自选外饰面

可变式设计

住户自行选择屋顶样式

双坡屋顶

平屋顶

个性化屋顶

住户自行改造阳台形成个性化的立面

立面形式 1

立面形式 2

立面形式 3

住户进行空间拓展图示

原始户型 A 效果

根据家庭成员、生产生活的需求由农村居民自由选择住宅的初始状态，并随时间发展可进行自主改造，室内辅助空间集中，设置通高空间，预留可改造空间。

原始户型 A 平面

原始户型 A 可变效果 01

为家庭成员的变化、生产生活的需求进行空间改造。

原始户型 A 可变平面 01

原始户型 B 效果

根据家庭成员、生产生活的需求由农村居民自由选择住宅的初始状态，并随时间发展可进行自主改造，室内辅助空间集中，设置通高空间，预留可改造空间。

原始户型 B 平面

原始户型 B 可变效果 01

为家庭成员的变化、生产生活的需求进行空间改造。

原始户型 B 可变平面 01

原始户型 C 效果

根据家庭成员、生产生活的需求由农村居民自由选择住宅的初始状态，并随时间发展可进行自主改造，室内辅助空间集中，设置通高空间，预留可改造空间，双宅可容纳两户人家。

原始户型 C 平面

原始户型 C 可变效果 01

为家庭成员的变化、生产生活的需求进行空间改造，双宅可容纳两户人家。

原始户型 C 可变平面 01

原始户型 A 可变效果 02

为家庭成员的变化、生产生活的需求进行空间改造。

原始户型 A 可变平面 02

原始户型 A 可变效果 03

为家庭成员的变化、生产生活的需求进行空间改造。

原始户型 A 可变平面 03

原始户型 B 可变效果 02

为家庭成员的变化、生产生活的需求进行空间改造。

原始户型 B 可变平面 02

原始户型 B 可变效果 03

为家庭成员的变化、生产生活的需求进行空间改造。

原始户型 B 可变平面 03

原始户型 C 可变效果 02

为家庭成员的变化、生产生活的需求进行空间改造，双宅可容纳两户人家。

原始户型 C 可变平面 02

原始户型 C 可变效果 03

为家庭成员的变化、生产生活的需求进行空间改造，双宅可容纳两户人家。

原始户型 C 可变平面 03

基于工业化建造模式的居住模块设计与建造系列

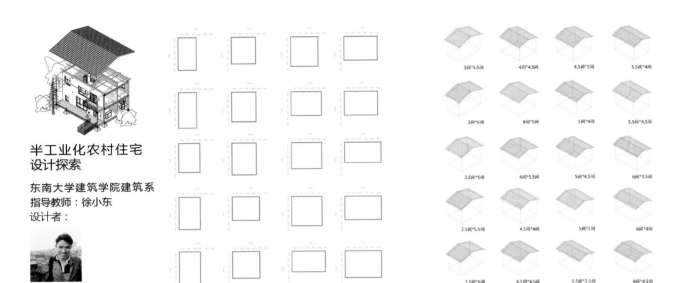

半工业化农村住宅设计探索

东南大学建筑学院建筑系
指导教师：徐小东
设计者：

王康

3间*5.5间	4间*4.5间	4.5间*5间	5.5间*4间
3间*6间	4间*5间	5间*4间	5.5间*4.5间
3.5间*5间	4间*5.5间	5间*4.5间	6间*3.5间
3.5间*5.5间	4.5间*4间	5间*5间	6间*4间
3.5间*6间	4.5间*4.5间	5.5间*3.5间	6间*4.5间

不同开间进深的户型选择。研究方法：新农村建设分配的宅基地大小每户人家不超过 135 m²。以 1.8m 为一个模数，屋主可灵活地选择开间与进深，大致可分为以下三类：(1) 长进深南北通透；(2) 方正紧凑型；(3) 大面宽舒展型。

轴测分解图

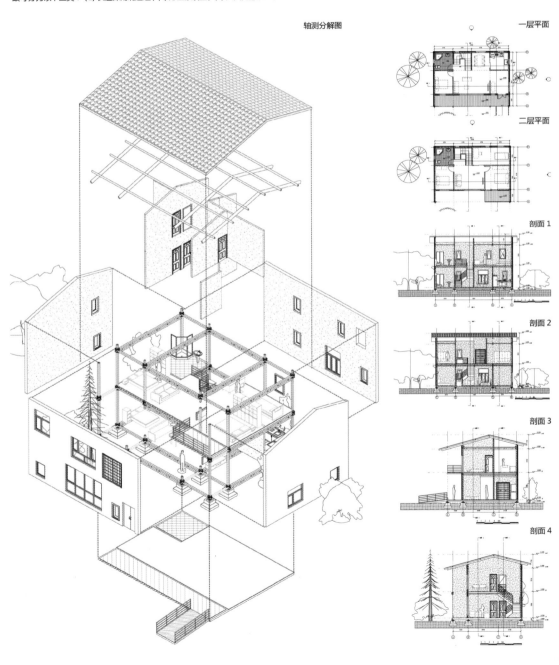

一层平面

二层平面

剖面 1

剖面 2

剖面 3

剖面 4

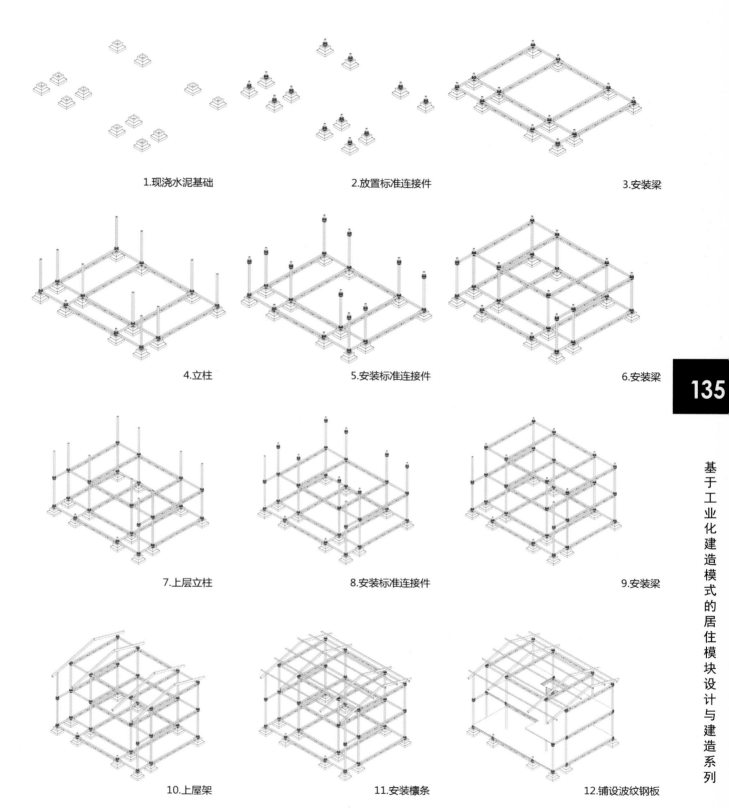

1.现浇水泥基础

2.放置标准连接件

3.安装梁

4.立柱

5.安装标准连接件

6.安装梁

7.上层立柱

8.安装标准连接件

9.安装梁

10.上屋架

11.安装檩条

12.铺设波纹钢板

基于工业化建造模式的居住模块设计与建造系列

东南大学建筑学院毕业设计作品选集(2015—2016)

基于工业化建造模式的居住模块设计

东南大学建筑学院规划系
指导教师：徐小东
设计者：

张翔

136

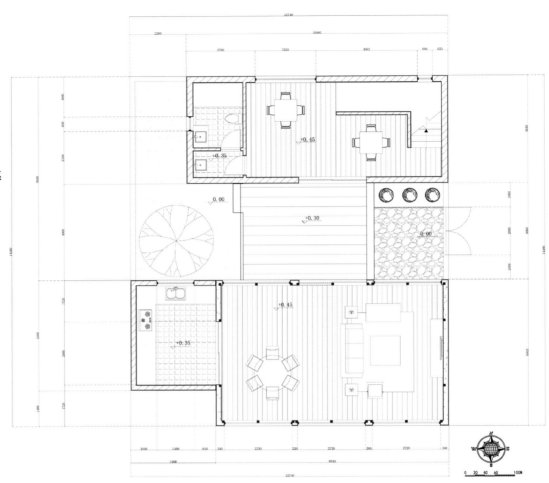

平面图

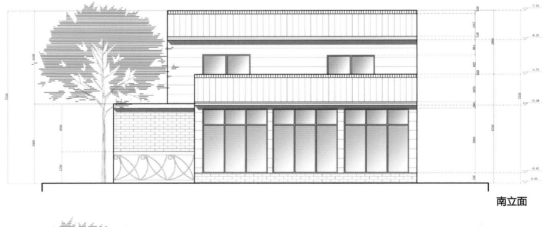

南立面

东立面

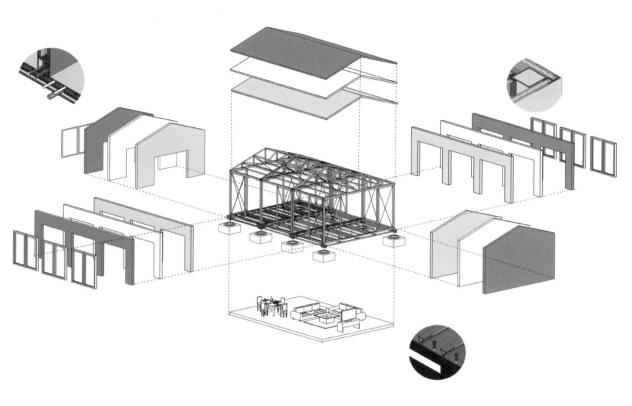

结构分解

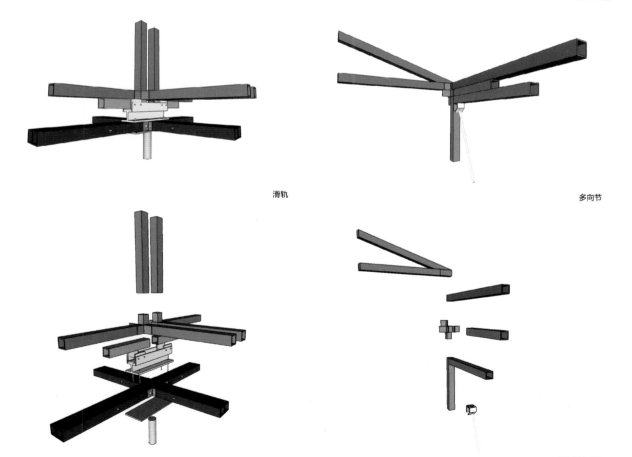

滑轨

多向节

节点大样

基于工业化建造模式的居住模块设计与建造系列

模块化轻型农宅设计——框构模块化

东南大学建筑学院建筑系
指导教师：徐小东
设计者：

肖玉玲

调研总结农村居住特点，并提出对策

1. 规模大与节地矛盾——权衡协调二者；
2. 庭院是多种活动的载体——户型考虑庭院元素；
3. 堂屋是家庭活动的中心——户型考虑起居为中心；
4. 具体的生活需求——较多杂物，老人居为主，客厅餐厅合用；
5. 户型可变的需要：（1）家庭生命周期变化；（2）家庭生产经营模式变化。

框构建筑研发

1. 框构建筑是模块化建造的一种技术手段，与模块化建筑的典型代表——集装箱建筑相比较：
  （1）相同点——标准化、模数化，模块基本拼接方式，多模块组合形式。
  （2）不同点——集装箱建筑是以1个模块立方体为单位进行生产、运输与安装，而框构建筑是把1个单元"体"拆分为6个"面"——钢框＋外墙板。
2. 框构建筑优势
  （1）简化模块内部及模块之间连接，只需要螺栓连接，施工快捷，装拆方便。
  （2）不需要整体吊运、吊装，大大减少了运输的成本，以及吊装的难度。
  （3）模块尺寸不受限于集装尺寸，只需要"面"模块的最长边不超过运输尺寸即可。
3. 拼接组合的特别选择
  框构建筑，由于单元模块每个角点有两个框柱，集装箱模块那样简单地连续拼接，并不适合框构建筑。夹心式组合与附加结构组合更适合框构，不仅可以减少结构构件，还可形成较大的公共开敞空间。

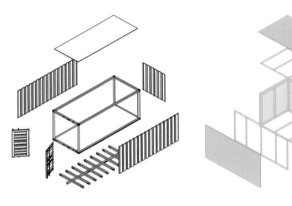

1. 钢管焊接

2. 预留孔洞，螺栓连接

3. 另一方向，螺栓连接

4. 节点完成

户型空间组织构思

1. 基本的设计要求

3人居以下宅基地面积135m²，建筑占地面积不大于宅基地面积的70%，建筑面积不大于150m²。

2. 节地的考虑
房屋可能联排，尽量只在南北面开窗，排除大面宽，着重研究长进深以及长宽均等户型。

3. 庭院及起居为中心
结合农村调研，提出"以庭院及起居厅为生活中心"的概念。其他功能空间，基本围绕主要的庭院及起居空间展开。

空间组织示意

北

一层平面 1:150

二层平面 1:150

结构模式研究

采用了夹心式的模块组合方法，一层4个，两层共8个基础模块，拉开一定距离，基础模块之间再用附加钢框连接。

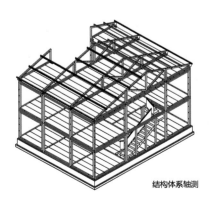

结构体系轴测

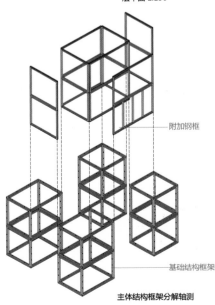

附加钢框

基础结构框架

主体结构框架分解轴测

一层平面结构分析

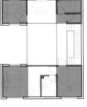

二层平面结构分析

模块拆解目录

主要有"实"模块与"虚"模块，以及模块组合构成的单元模式。模块组合方式选用夹心式，即四周是"实"模块，不仅承载功能空间，还起到主要的结构支撑作用，"实"模块拉开，就有了开敞的公共活动空间，也就是前面提到的"虚"模块。

模块的尺寸选择，由以下几个因素确定：
 a. 考虑运输对尺寸的限制，因为是拆解成一品品框架运输，到现场再组装，所以框架的最长边不能超6m；
 b. 考虑到人的使用舒适高度，确定模块高度3m；
 c. 考虑到墙体的模数化控制，取300作为墙的模数。

（1）组合模块 （2740+3160）×3640

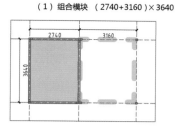

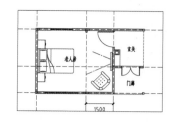

（2）"实"模块 2740×2740

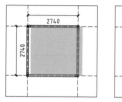

（3）"虚"模块 2740×3060

（4）附加模块——坡屋顶屋架 （3640+4500+2740）×2000

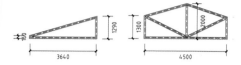

主要节点大样

(1) 基础与上层模块钢框架连接

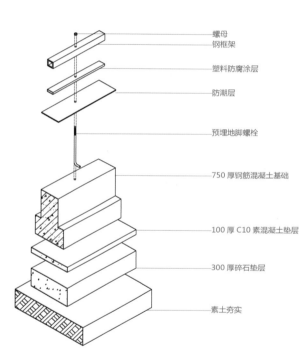

- 螺母
- 钢框架
- 塑料防腐涂层
- 防潮层
- 预埋地脚螺栓
- 750厚钢筋混凝土基础
- 100厚C10素混凝土垫层
- 300厚碎石垫层
- 素土夯实

(2) 楼板构造

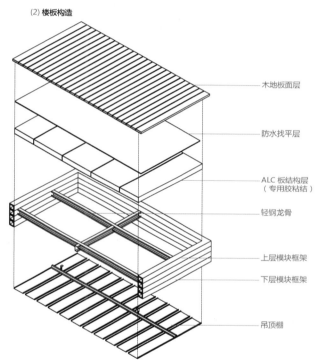

- 木地板面层
- 防水找平层
- ALC板结构层（专用胶粘结）
- 轻钢龙骨
- 上层模块框架
- 下层模块框架
- 吊顶棚

(3) 主体结构与附加结构连接

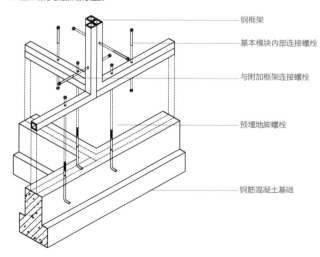

- 钢框架
- 基本模块内部连接螺栓
- 与附加框架连接螺栓
- 预埋地脚螺栓
- 钢筋混凝土基础

(4) 墙板构造

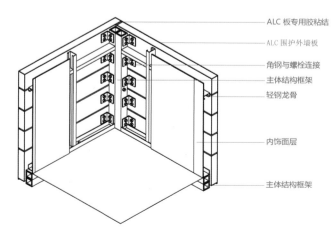

- ALC板专用胶粘结
- ALC围护外墙板
- 角钢与螺栓连接
- 主体结构框架
- 轻钢龙骨
- 内饰面层
- 主体结构框架

基于工业化建造模式的居住模块设计与建造系列

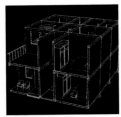

基于工业化建造模式的居住模块设计

东南大学建筑学院规划系
指导教师：徐小东
设计者：

姚炜

为解决现有工业化住宅户型单一、空间枯燥的不足与农村居民对住房多样性、个性化需求之间的矛盾，笔者在本文中力求运用模数化的功能配置与相应工业化建造模式，来实现住宅功能配置、空间品质、建造方式的共同提升。通过开放设计模式，提倡居民参与住宅设计，设计出充分满足不同家庭需求的住宅，并为之后的建筑工业化实践提供新的可能性。

功能模块设计：
由于空间标准化的特性，所有功能空间都拥有模数化的尺寸规格，因此居民可根据自身需求选取相应模块自由组合。开间方向可根据建筑方向调整，方案采用150mm厚度墙体。

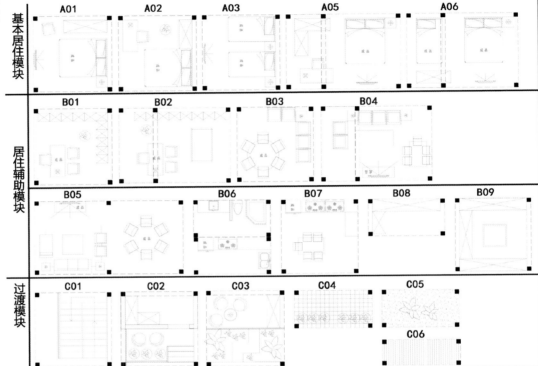

基
本
居
住
模
块

A01　A02　A03　A05　A06

居
住
辅
助
模
块

B01　B02　B03　B04

B05　B06　B07　B08　B09

过
渡
模
块

C01　C02　C03　C04　C05

C06

建造模块化：
由于功能的模数化，构造柱、墙、板也相继施行模数化，本处采用150 mm×150 mm的方形钢柱与150mm厚度的重型外墙板、150 mm厚度轻质内墙板、压型钢板楼板以及相应标准化预制构件进行建造。

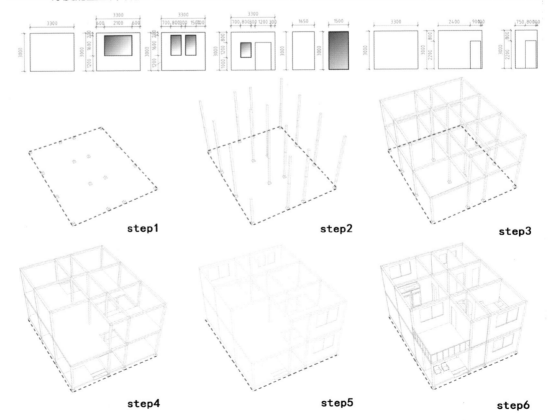

step1　　step2　　step3

step4　　step5　　step6

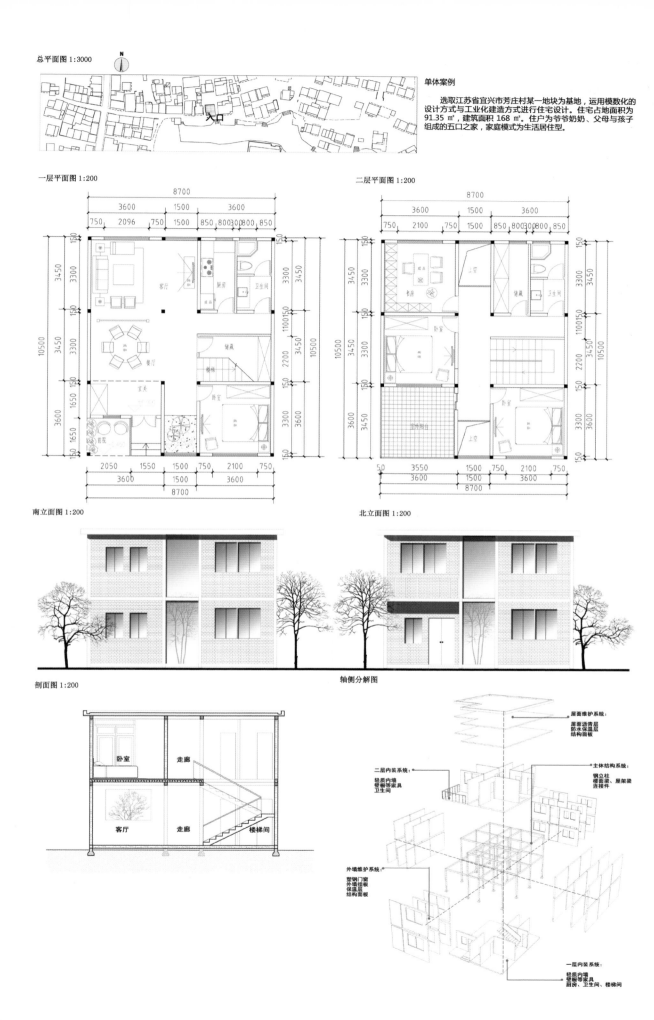

总平面图 1:3000

入口

单体案例

选取江苏省宜兴市芳庄村某一地块为基地,运用模数化的设计方式与工业化建造方式进行住宅设计。住宅占地面积为91.35 ㎡,建筑面积 168 ㎡。住户为爷爷奶奶、父母与孩子组成的五口之家,家庭模式为生活居住型。

一层平面图 1:200

二层平面图 1:200

南立面图 1:200

北立面图 1:200

剖面图 1:200

轴侧分解图

屋面维护系统:
屋面沥青层
防水保温层
结构面板

主体结构系统:
钢立柱
楼面梁、屋架梁
连接件

二层内装系统:
轻质内墙
壁橱等家具
卫生间

外墙维护系统:
塑钢门窗
外墙挂板
保温层
结构面板

一层内装系统:
轻质内墙
壁橱等家具
厨房、卫生间、楼梯间

基于工业化建造模式的居住模块设计与建造系列

东
南
大
学
建
筑
学
院
毕
业
设
计
作
品
选
集
（2015—2016）

模块化轻型农宅设计模式探索

东南大学建筑学院景观系
指导教师：徐小东
设计者：

魏琦

图纸

比例 1:500

0 5 10 15 20m

构造

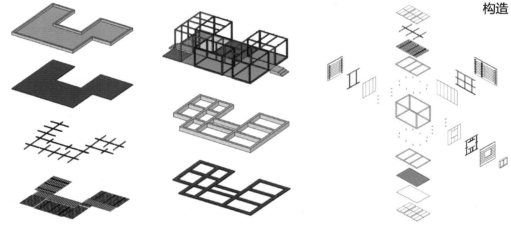

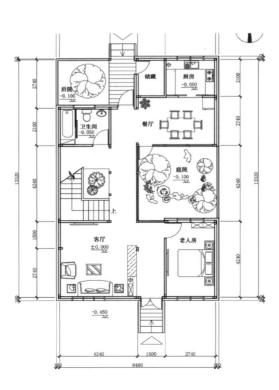

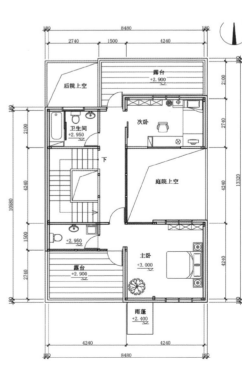

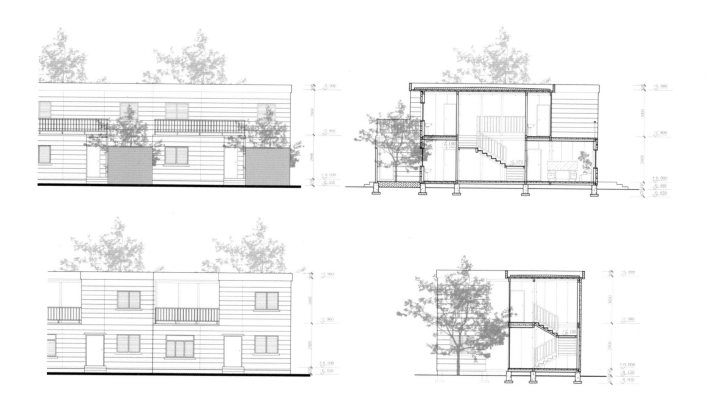

模块组合

框架模块	梁架模块	组合模块	附加模块
2740×4240	1500×x	2740×4240	2100×x
		+1500×4240	

空间：中心庭院组织与划分大功能空间。
特点：室外，院落组织、二层露台、屋顶绿化。
　　　储藏，靠近入口，便于放农具。楼梯间下部等
　　　空间充分利用。
交通：考虑双拼及联排，采用南北两个入口，东西两
　　　侧不开窗，南北通透。
技术：太阳能板供电、自然采光通风，南北通风，卫
　　　生间连接后院，自然采光通风、屋顶绿化、垂
　　　直绿化。

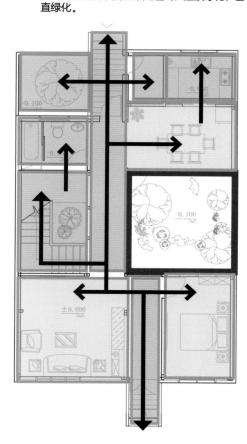

	框架模块	主要功能空间	卧室、楼梯间、餐厅、后院、露台
	梁架模块	交通空间及小空间	走廊、附带卫生间
	组合模块	功能空间	客厅、主卧、庭院
	附加模块	配套功能空间	卫生间、厨房、储藏、露台

基于工业化建造模式的居住模块设计与建造系列

海外毕设

4

指导教师： 孙世界

选题意义

在功能主义主导的城市中，有没有一种打破界线的可能？如果模糊掉边界，试图在看上去不相符、不匹配的二者之间建立有意义的关联，是否会产生有趣的新的可能？

通过重新审视花园的意义，考量是否有可能规避曾经"花园城市"的弊端，与此同时将花园的概念重新引入城市生活之中。通过对室内房间与室外房间同等重要的理解，花园是否能够成为建筑的模板以及不可分割的部分？

本课题旨在上述背景下探讨关于城市、建筑和生活的新的可能性。

选题背景

现代城市大多受到功能主义主导，居住、工作、生产、休闲在空间和时间上彼此分离。建筑与土地的关系往往是"放置"的关系，土地的意义被极大削弱，人们似乎意识不到土地蕴含的生产力和无穷潜力，同样意识不到除自身以外身边其他物种的生存状态。一切似乎都处于一种非黑即白、界限分明的死胡同里，都市和乡村、建筑和土地、生活和生产、居住和工作、人和其他物种，任何两者都被清晰的划分开来。

历史上关于花园城市的讨论和实践曾经产生了诸多负面影响和评价，诸如倒退的乡村式图景、与城市功能需求不符等等。尽管如此，花园本身的意义仍不容忽视。

教学目标及要点

1. 可调整的类型学

"可调整的类型学"是将脱节、不相符的事物或空间接洽，以形成有意义的关系的方法。在本课题下，希望学生通过设计调节建筑与大地、城市与郊区、人与自然等等之间的关系。

2. 金苹果园——房间建筑学

一切都与房间有关。我们将试图理解那些现存场地中已经存在的房间。我们将通过创造新的房间来发明新的关系，从而延伸及转化这些房间。每个房间的细微差别、调整、它的部分、表面、光、与其他房间的关系，都是研究和创造的关键因素。当我们讨论房间时，指的既包含室内的也包含室外的，以及它们互相之间的影响。

设计成果

总平面：
   1：100 平立剖面
   1：200 整体模型
   1：20 主要室内外空间
典型住宅单元和花园的细部
模型透视，拼贴等。

147

教学流程与设计进度

场地介入

第1~2周（2月1日—2月14日）：踏勘场地、地形，拍摄照片。阅读参考书目及案例，研究、查阅与设计课题相关文献资料。在场地中寻找至少四种"磨合的类型学"，分析并绘制轴测图。

花园设计

第3周(2月15日—2月21日)：暂时不考虑任务书中的功能要求，选择一个花园（历史中的或当代的）为先例，在整个场地上设计一个花园，并在其中融入"磨合的类型学"中的空间和材料概念。

概念设计

第4~5周（2月22日—3月6日）：设计至少两种平面布局，比例1：200，包括剖面草图、室外透视或轴测、体量模型等。设计住宅类型。利用计算机建模或制作工作模型推敲方案。

深化设计

第6~16周（3月7日—5月22日）：选择一个概念方向深化，同时深化住宅设计；研究至少一处室内空间和一处室外空间并进行深化；深化图纸，调整方案，完成全部草图及细部设计。

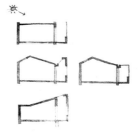

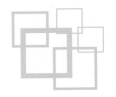

Connecting Jefferson

东南大学建筑学院建筑系
指导教师：孙世界
设计者：

李平原

东南大学建筑学院毕业设计作品选集（2015—2016）

DOWNTOWN STUDY

Position

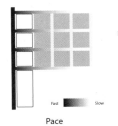

Pace

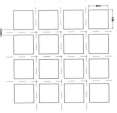

Block Dimension

Street Dimension

Typical Texture In Town

Leftover Space

Gathering Space

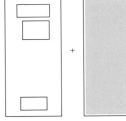

Building

Park

Building in the Park

ISOMETRIC VIEW

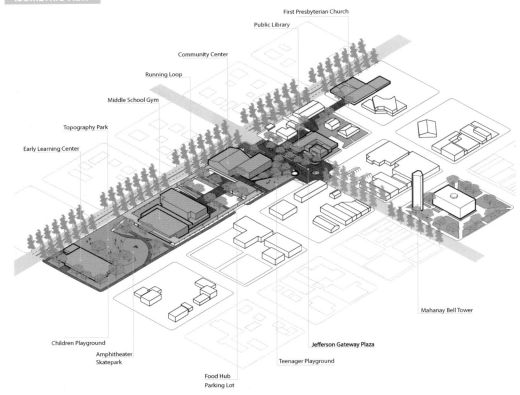

First Presbyterian Church

Public Library

Community Center

Running Loop

Middle School Gym

Topography Park

Early Learning Center

Children Playground

Amphitheater
Skatepark

Food Hub
Parking Lot

Teenager Playground

Jefferson Gateway Plaza

Mahanay Bell Tower

LIBRARY RENOVATION

Bookshelves & Reading Area

Corridor

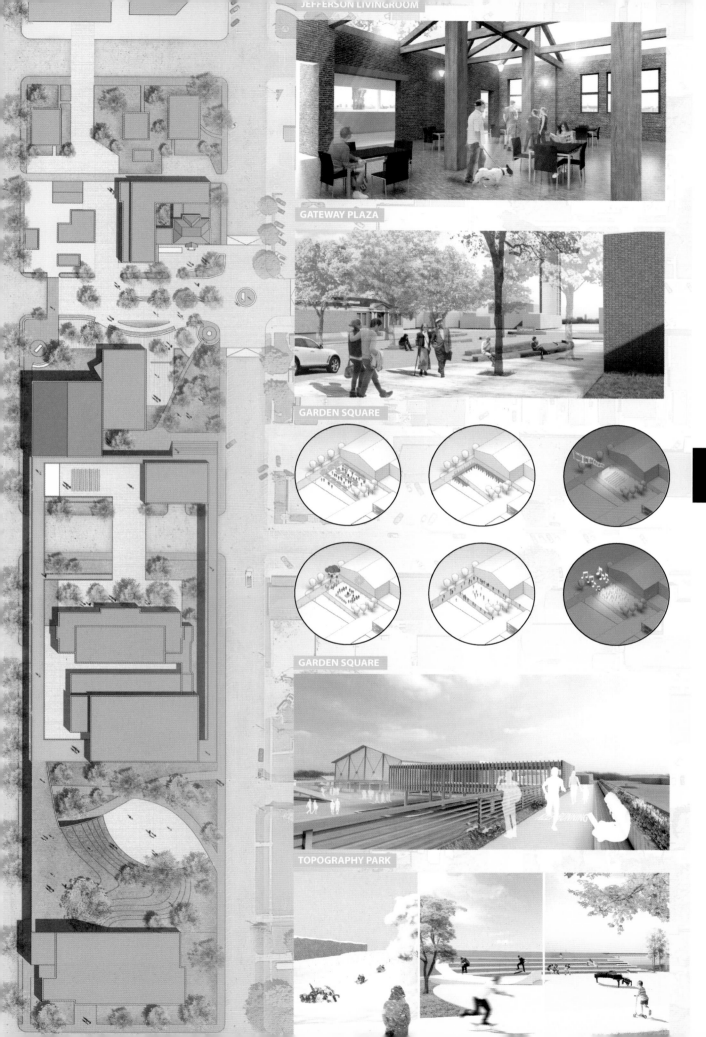

JEFFERSON LIVINGROOM

GATEWAY PLAZA

GARDEN SQUARE

GARDEN SQUARE

TOPOGRAPHY PARK

无题——碎片与凝聚

嵌入地形的"容器"

东南大学建筑学院建筑系
指导教师：Elizabeth Hatz
　　　　　Peter Lynch
　　　　　孙世界

设计者：

商琪然

东南大学建筑学院毕业设计作品选集（2015—2016）

150

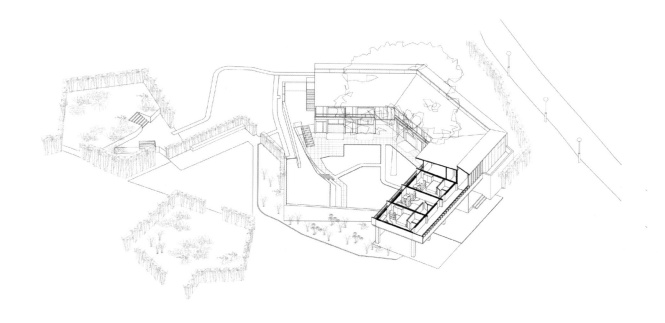

无题——碎片与凝聚

东
南
大
学
建
筑
学
院
毕
业
设
计
作
品
选
集
(2015—2016)

慢享杰弗逊

东南大学建筑学院建筑系
指导教师：Tom Neppl
　　　　　 Lisa Bates
　　　　　 孙世界

设计者：

伍铭萱

基地分析
SITE ANALYSIS

建筑物 /Building

　　历史街区具有全镇最高的建筑覆盖率。

户外空间 /Outdoor

　　中心广场是围合感强的城镇中心户外空间。

绿化 /Green Space

　　将林肯大道转变为林荫道，增加市中心绿化。

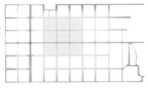

交通 /Transport

　　提升环境对于步行者及自行车的友好度。

中心广场景观改造
PLAZA LANDSCAPE

现状平面 /EXSISTING PLAN

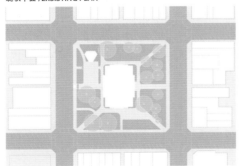

改造前　　　　改造后　　　　识别性
/BEFORE　　　/AFTER　　　　/IDENTITY

灯光花园

LIGTING
GARDEN

室外剧场

AMPHI-
THEATER

集市扩建

EXTENSION

休闲花园

LEISURE
GARDEN

街道改造
STREETSCAPE

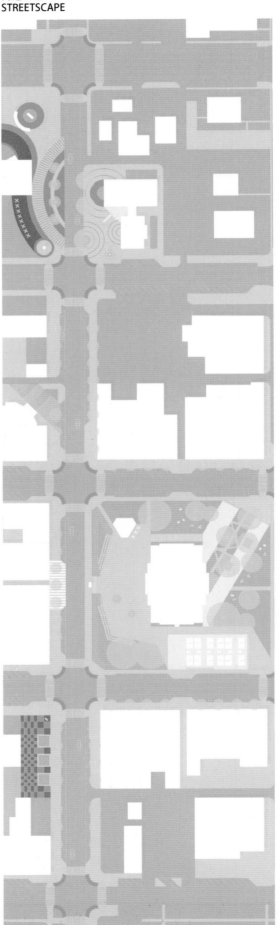

街景节点
STREET NODE

LOCAL ART AS THE CENTER

Welcome board of Community Center, Library sculpture, Doreen Wilber sculpture will be the three major centers for round paving patterns, which promote Jefferson's inviting and artistic image.

POSITIVE PUBLIC SPACE

The color red is a warm and positive color. It also exists in harmony with downtown's feature of red brick buildings.

Brick and synthetic rubber pavement combined with plants makes it possible for people to celebrate the history and live an active life outdoor, just as inside Library and Community Center.

INTRODUCE HISTORIC DOWNTOWN

Place an introduction board of the historic downtown in the street corner to give visitors a glimpse of the town's story before they really come into this area.

FAMILY SEATING PLACE

The color orange radiates warmth and happiness, combining the physical energy and stimulation of red with the cheerfulness of yellow.

At the same time, orange is also stimulating to the appetite. Combined with tree shades it will be a good place for the ice cream shop, Twiins Shoppe.

PLAZA FRONT

Broaden the sidewalk to provide people with a place to enjoy the view and take photos in front of the plaza.

EXTENSION FOR SALLY'S ALLEY

The yellow strip pavement combined with street furniture and plants will extend Sally's Alley to make it well connected to the plaza and more accessible.

CASUAL STAGE
The round seating aroun
d the original plaza trees can serve as a place for lectures, as well as, musical performance.

OPEN GARDEN

Pull down the fence of Jefferson Garden and divide it into lawn and plaza to provide public space for Historic Museum and the Stitch.

BARN QUILT PLAZA

The blue checkerboard pavement has its roots from local barn quilts. Its contents can be provided by local residents.

RAISE THE FUNDS

Certain part of the checkerboard pattern can be replaced with board showing donators' name to raise the funds.

无题——碎片与凝聚

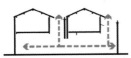

东南大学建筑学院毕业设计作品选集（2015—2016）

栖居在丝绸之路

东南大学建筑学院建筑学系
指导教师：孙世界
设计者：

姚严奇

虞思靓

154

诸葛村总平面 1:1000

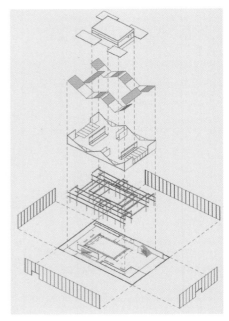

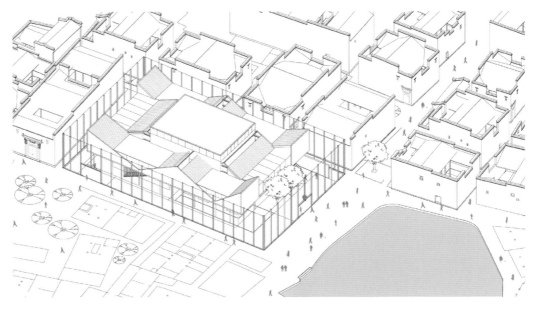

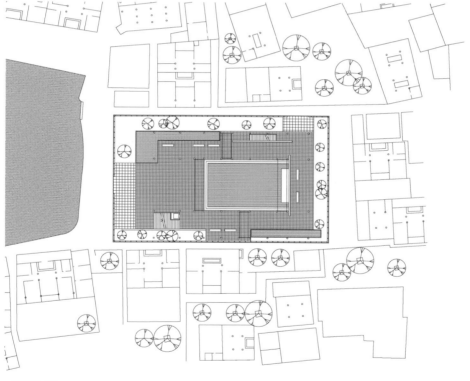

一层平面 1:400

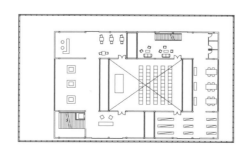

二层平面 1:400